职业技能等级培训教材
技能型人才培训用书

燃气具安装维修工（初级）

中国五金制品协会　组编
蒋勇泉　等编著
吕　瀛　审校

机械工业出版社

本书依据中国五金制品协会团体标准《燃气具安装维修工职业技能标准》（T/CNHA1005—2018）对燃气具安装维修工（初级工）的知识要求和技能要求，按照岗位培训需要的原则编写。本书共有五章十三节，主要内容包括：燃气具安装维修工基本要求，燃气具安装维修辅助工作，燃气具安装维修检测，燃气灶具安装，供热水、供暖两用型燃气热水器安装。

本书主要用作企业培训部门、职业技能鉴定机构、再就业和农民工培训机构的教材，也可作为技校、中职学校、各种短训班的教学用书。

图书在版编目（CIP）数据

燃气具安装维修工：初级/蒋勇泉等编著. —北京：机械工业出版社，2019.3（2024.7重印）

职业技能等级培训教材　技能型人才培训用书

ISBN 978-7-111-62310-6

Ⅰ.①燃… Ⅱ.①蒋… Ⅲ.①煤气灶具-安装-技术培训-教材②煤气灶具-维修-技术培训-教材③燃气热水器-安装-技术培训-教材④燃气热水器-维修-技术培训-教材　Ⅳ.①TU996.7

中国版本图书馆CIP数据核字（2019）第052112号

机械工业出版社（北京市百万庄大街22号　邮政编码100037）
策划编辑：王振国　责任编辑：王振国
责任校对：潘　蕊　责任印制：单爱军
北京虎彩文化传播有限公司印刷
2024年7月第1版第5次印刷
169mm×239mm·7印张·131千字
标准书号：ISBN 978-7-111-62310-6
定价：32.00元

职业技能等级培训教材

编审委员会

主　　　任：石僧兰

委　　　员：（按姓氏笔画为序）

马长城　尹　忠　艾穗江　卢宇聪　叶远璋

吕　瀛　伍笑天　孙京岩　杨　劼　余少言

宋光平　张东立　陈敦勇　赵继宏　柳润峰

闻有明　诸永定　商若云　潘叶江

总　策　划：柳润峰　吕　瀛　胡定钢　杨　劼

编　著　者：蒋勇泉　盛正安　何风华　林源远　徐　海

曾　文　张昭明　陈伟飞

审　校　者：吕　瀛

参编单位：华帝股份有限公司

迅达科技集团股份有限公司

港华紫荆燃具（深圳）有限公司

杭州老板实业集团有限公司

广东万家乐燃气具有限公司

广东万和新电气股份有限公司

佛山市顺德区燃气具商会

支持单位：中国城市燃气协会

青岛经济技术开发区海尔热水器有限公司

艾欧史密斯（中国）热水器有限公司

广东美的厨卫电器制造有限公司

成都前锋电子有限责任公司

宁波方太厨具有限公司

浙江帅丰电器股份有限公司

序

中国燃气具行业经过40年的发展，得益于国家天然气管网的建设与发展，燃气用具已成为我国城镇家庭用具的标配产品，与提升消费品质息息相关。近年来，在推动国内消费升级的政策指引下，燃气用具产品纳入节能减排促消费的产品类别。为使消费者实现良好的产品体验，在消费终端完美体现产品的整体性能，提升和规范"燃气用具安装与维护"服务，成为行业关注的焦点。

现阶段，我国从事家用燃气用具安装与维护服务的人员有40万人左右，从业人员规模及技能水平远远不能满足实际需求，从业需求缺口大且从业人员老龄化问题突出，加剧了安装维修市场的无序性，影响消费者使用的安全性等问题显现。鉴于此，中国五金制品协会组织燃气具行业骨干企业，联合上游的燃气企业，于2018年4月，编制发布了团体标准《燃气具安装维修工职业技能标准》（T/CNHA 1005—2018）（简称《标准》）。《标准》将燃气具安装维修工岗位人员的职业技能水平分为五个等级，清晰界定各等级岗位人员从事安装、维修职业所需的知识和技能要求，明确从业人员的必备条件和能力。《标准》的颁布为我国燃气具安装维修工岗位人员的职业技能水平评价提供了重要依据。

为确保《标准》得到有效实施和推广，中国五金制品协会启动了燃气具安装维修工培训教材和考评题库（简称"教材和题库"）的编写工作，明确了相关工作的基本要求：一是项目开展的过程和输出成果，必须符合国家有关职业技能鉴定工作的管理要求；二是结合目前我国燃气具安装维修从业人员的特点，使教材成为从业人员的必备工具书。"教材和题库"的编写工作得到中国城市燃气协会、佛山市顺德区燃气具商会，以及行业企业的大力支持，编著者及审校人员全部来自生产一线的服务管理人员。他们利用业余时间，将自己在安装维修服务领域积累的培训和管理经验融入到教材中。这种兢兢业业为行业发展的奉献精神，贯穿在整个编写工作的过程中，是"教材和题库"编写工作顺利完成的坚实保障，成为中国五金制品协会团体标准实施落地的典范。

在新的市场环境下，80后、90后新消费主体的需求，互联网和物流带来消费的便利，将为燃气具安装维修服务升级赋能。我们相信，燃气具安装维修工培训教材的出版发行，将助力行业建立专业的安装维修服务队伍，同时为专业化培训、考评鉴定机构提供广阔的发展空间，为消费者对服务进行评价提供重要的依据。

最后，再次向参与编制工作的各位行业同仁，及给予本项工作支持和帮助的友人，表示衷心的感谢！

中国五金制品协会
二〇一九年三月

前　言

为满足广大燃气具安装维修工对本工种职业培训和职业技能提升的迫切需求，我们依据中国五金制品协会团体标准《燃气具安装维修工职业技能标准》（T/CNHA 1005—2018）编写了本套培训教材。本套培训教材可作为燃气具安装维修工系统提升的自学读本和职业技能培训机构的教学用书。

本套培训教材共分为初级、中级、高级、技师及高级技师四册，每册对应于《燃气具安装维修工职业技能标准》（T/CNHA 1005—2018）划分的职业等级分类，其中技师及高级技师合并为一册。每册图书的章节内容与职业技能标准中的基本要求和工作要求相对应，各册相同目录的章节内容是按照对应等级知识从低到高的顺序编写的。

本套培训教材的编写工作自 2018 年 7 月启动，全体编著人员均是来自生产一线的服务管理人员。他们有着高度的责任感和历史使命感，主动承担教材的编著任务。初级工教材由蒋勇泉代表华帝公司任主编，中级工教材由邓四平代表万和公司任主编，高级工教材由彭惠平代表万家乐公司任主编。

本书由蒋勇泉等编著，其中第一章第一节由盛正安编写，第一章第二节由何风华编写，第二章由林源远编写，第三章由蒋勇泉编写，第四章由徐海编写，第五章第一节由曾文编写，第五章第二节、第三节、第四节由张昭明编写。陈伟飞负责统稿并参与了部分内容的编写。本书由吕瀛审校。

在本书编写过程中，得到中国五金制品协会的高度重视，协会理事长石僧兰、执行理事长张东立、副理事长柳润峰、燃气用具分会副秘书长杨劼等，付出了艰辛努力并给予了悉心指导；得到中国城市燃气协会的大力支持；得到邓四平（万和）、刘云（海尔）、刘军（万军乐）、刘星（A. O. 史密斯）、张世川（老板）、金建明（华帝）、钟一华（港华）、钟建设（方太）、徐国平（美的）等企业代表的积极配合；得到华帝、迅达、港华、老板、万家乐、万和、顺德燃气具商会等提供的资料等支持，在此一并表示衷心的感谢！

由于作者水平有限，书中难免存在不当之处，敬请广大读者与专家批评指正。

编著者

目　录

第 一 章

燃气具安装维修工基本要求

培训学习目标　掌握职业道德的基本规范；掌握常用零件图和建筑图的识读方法；熟悉燃气燃烧方式；熟悉《中华人民共和国消费者权益保护法》和《中华人民共和国劳动合同法》对燃气具生产者、经营者和劳动者的相关责任。

◆◆◆◆ 第一节　职业道德

职业道德是从事一定职业的人们在职业活动中应该遵循的，依靠社会舆论、传统习惯和内心信念来维持的行为规范的总和。它调节从业人员与服务对象之间、从业人员之间、从业人员与职业之间的关系。它是职业或行业围内的特殊要求，是社会道德在职业领域的具体体现。

一、职业道德的基本原则

职业道德的基本原则是：敬业、精益、专注、创新不断突破。

广大服务业从业人员在具体的工作中，必然会遇到为谁工作，工作意味着什么，怎样对待职业人生中的各种利益等这类问题。这些问题不解决，就无法自觉遵守职业道德规范，就不能成为合格的安装维修工。理解和掌握了职业道德的基本原则，就能解决职业人生中的种种道德困惑和利益冲突。

（1）敬业精神　技精于专，做于细；业成于勤，守于挚。敬业是从业者基于对职业的敬畏和热爱而产生的一种全身心投入的认认真真、尽职尽责的职业精神状态。

（2）精益精神　精益就是精益求精，就是要超越平庸，选择完善。老子曰："天下大事，必作于细。"作为安装维修从业者，要认准目标，执着坚守，以匠人之心，任劳任怨，兢兢业业追求技艺的极致。

（3）专注精神　专注就是要踏实严谨，一丝不苟。细节决定一切，态度造就未来，在安装维修时应该严格遵循工作标准，杜绝粗心大意，认真做好安装维修每一个细小环节。

（4）创新精神　创新就是要追求突破、追求革新。用双手开拓进取，用能力创造未来，富有追求突破、追求革新的创新活力。

二、职业道德的基本规范

燃气具安装维修人员在工作过程中应遵守以下基本规范：

1）敬业爱岗。敬业爱岗是社会主义职业道德的核心内容，是作为一名合格的燃气具安装维修工的基本标准。

2）文明操作，乐于助人。文明操作和乐于助人是燃气具安装维修工应具备的基本职业行为。文明操作是燃气具安装维修服务最基本的承诺，而乐于助人一直以来就是中华民族的传统美德，并不断地被发扬光大。

3）遵纪守法，上门服务。遵纪守法和上门服务是燃气具安装维修工安全操作的必要前提，也是职业守则的内容。其中，遵纪守法是全社会每个公民应尽的社会责任和道德义务，上门服务是以客户为中心，以质量求生存，以技术求发展，以人为本，全心全意服务的宗旨。

4）热情周到，礼貌待客。这是燃气具安装维修工应具备的基本职业素养。做好本职工作、热情周到是从业人员一种自觉主动的观念和愿望，是发自从业人员的内心，并形成一种本能和习惯。

5）责任意识，安全至上。责任意识和安全至上是燃气具安装维修工安全生产的第一要务。从业人员清楚明了地知道自己的岗位责任，自觉、认真地履行岗位职责，并将责任转化到行动中的自觉意识即责任意识。安全至上是燃气具安装维修行业对从业人员最基本的工作要求。

6）刻苦学习，勤奋钻研，不断提高自身素质。

7）注重效益，奉献社会。

8）遵守行业规定，不弄虚作假。

◈◈◈ 第二节　基础知识

一、识图知识

（一）投影基本知识

1. 物体投影

投影指的是用一组光线将物体的形状投射到一个平面上，在这个平面上形成的影子。举个例子：在太阳光的照射下，桌子会在地面上留下自己的影子，如果在地面上把这个影子画成图形，那么得到的图形就叫作投影图，地面叫作投影面，照射的太阳光线就叫投射线。

投影分为点投影和平行投影。点投影是点放射投射线所产生的投影，如图1-1a所示。平行投影是平行投射线所产生的投影。平行投影又分为正投影和斜投影，如图1-1b、c所示。正投影的投射线垂直于投影面，斜投影则不垂直于投影面。五金行业中常用正投影图。

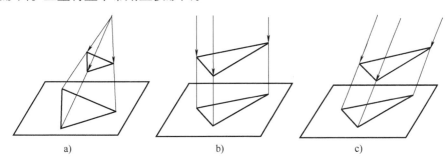

图1-1　投影示意图

a）点投影　b）正投影　c）斜投影

2. 多面体正投影图

多面体正投影图是指物体在相互垂直的两个或多个投影面上所得到的正投影。我国机械制图中所采用的第一角投影法是将物体置于观察者与投影面之间而得到的多面正投影。机械制图中常用的三视图即为用第一角投影法所得到的主视图、俯视图和左视图，如图1-2所示。

（二）管道轴测图

1. 轴测图的基本概念

轴测图是采用平行投影的方法，沿不平行于任一坐标面的方向，将物体连同三个坐标轴一起投射到某一投影面上所得的图形。轴测图也叫作轴测投影图。用多面正投影图能够完全、准确地表达物体的形状和尺寸，但缺乏立体感。而轴测图能用一个图面同时表达出物体的长、宽、高三个方向的尺寸和形状，且有立体感，是生产中常用的辅助图示方法。图1-3是正投影图与轴测图的对比示意图。

在管道专业中，常用的轴测图有两种，它们是正等轴测图和斜等轴测图。

（1）正等轴测图　正等轴测图是使物体的三个主要方向都与轴测投影面 P 具有相等的倾角，然后用与投影面 P 垂直的平行投射线将物体投射到投影面 P 上所得的图形。

（2）斜等轴测图　使物体的坐标平面 XOZ 平行于轴测投影面 P，然后用与投影面 P 倾斜的平行投射线，将物体投射到投影面 P 上，当三条坐标轴的轴向

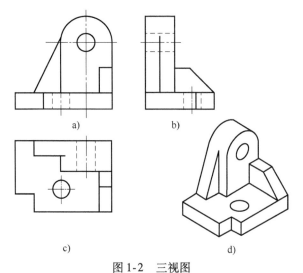

图 1-2 三视图

a）主视图 b）左视图 c）俯视图 d）立体图

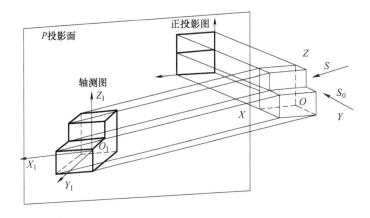

图 1-3 正投影图与轴测图的对比示意图

伸缩系数均为 1 时，所得图形称为斜等轴测图，其中轴向伸缩系数是指轴测图中 X、Y、Z 三个坐标轴方向的图示尺寸与真实尺寸的比例。

图 1-4 为正等轴测图与斜等轴测图的对比示意图。

在燃气管道施工中，常用的是斜等轴测图，故本节管道轴测图主要介绍斜等轴测图的识读。

2. 管道轴测图识读

（1）管道轴测图识读基本知识 在识读管道轴测图时，需了解绘图比例、管道代号、标高以及管径标注等概念。

1）比例。比例即管道轴测图上所绘图形大小与实物大小的比值，例如 1：50

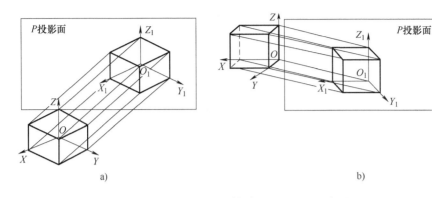

图 1-4 正等轴测图与斜等轴测图的对比示意图

a）正等轴测图 b）斜等轴测图

即表示图样大小仅为实物的 1/50。管道轴测图中常用的比例有 1：25、1：50、1：100、1：200 等。

2）管道代号。常见管道代号：一般给水管为 J、G、S，一般排水管为 P、X，热水管为 R，冷水管为 L，蒸汽管为 Z，凝结水管为 N，循环水管为 XH，油管为 Y，通风管为 TF，燃气管为 M 等。

3）标高。标高表示管道相对基准点的高度，标高值以米（m）为单位，一般注写到小数点后第三位。室内管道标高的基准点通常选定为建筑物底层室内地面。比地面高的为正数，比地面低的则为负数，负数在数值前加注"－"号。管道轴测图中的标高符号如图 1-5 所示。

4）管径。

① 低压管。用作输送户内用水和燃气的，如镀锌钢管、不镀锌焊接钢管、铸铁管、硬聚氯乙烯管、聚丙烯管、工程塑料管等，其管径以公称直径 DN 表示，如 DN20 和 DN25 等，单位为 mm。

② 高压管。如直缝焊接钢管、螺旋缝焊接钢管、无缝钢管、不锈钢管、有色金属管等，其管径应以外径×壁厚表示，如 D108×4，单位为 mm。

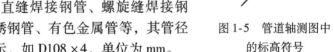

图 1-5 管道轴测图中的标高符号

③ 耐酸陶瓷管、混凝土管、钢筋混凝土管、陶土管等，其管径以内径 d 表示，如 d380，单位为 mm。

（2）管道轴测图的绘图和识读 管道工程图中，管子可以采用单线图和双线图两种表示方法。单线图是用一根轴线表示管子的图样；双线图是用两根线表示管子的形状，中间的轴心线不可省略。图 1-6 所示为管道单线图和双线图的示意图。

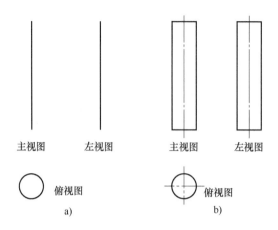

图1-6　管道单线图和双线图的示意图

a）单线图　b）双线图

为便于绘图和读图，管道轴测图一般使用单线图。

基本管道轴测图的绘制方法如下：

1）水平管的绘制。水平管即水平安装的管道。在轴测图中，左右走向的水平管道绘制在 OX 轴上，前后走向的水平管道绘制在 OY 轴上。左右走向水平管道的三视图和轴测图如图1-7所示，前后走向水平管道的三视图和轴测图如图1-8所示。

图1-7　左右走向水平管道的三视图和轴测图

a）三视图　b）轴测图

2）立管的绘制。立管即竖直安装的管道，在轴测图中，立管绘制在 OZ 轴上，立管的三视图和轴测图如图1-9所示。

3）弯头的绘制。在管路系统中，改变管道方向的管件称为弯头。直角弯头的三视图和轴测图如图1-10所示。

4）三通的绘制。三通具有三个管口，即一个进口、两个出口，或两个进口、一个出口，用于改变流体方向以及管道分支的管件。常用等径三通的三视图和轴测图如图1-11所示。

5）管道系统图的绘制。图1-12所示为简单的管道系统的三视图与轴测图。

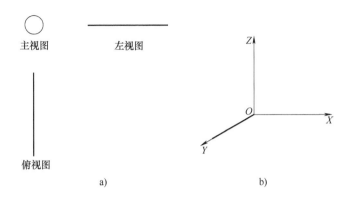

图 1-8　前后走向水平管道的三视图和轴测图

a）三视图　b）轴测图

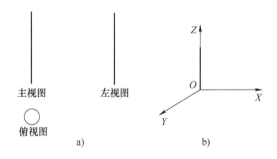

图 1-9　立管的三视图和轴测图

a）三视图　b）轴测图

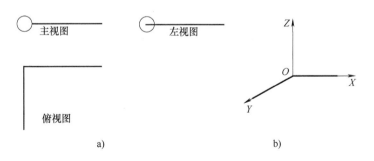

图 1-10　直角弯头的三视图和轴测图

a）三视图　b）轴测图

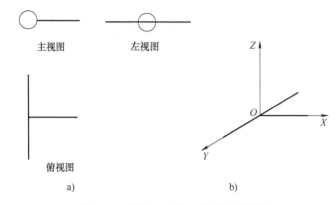

图 1-11　等径三通的三视图和轴测图

a）三视图　b）轴测图

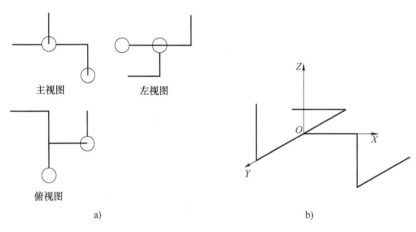

图 1-12　简单的管道系统的三视图和轴测图

a）三视图　b）轴测图

（三）建筑图

1. 基本概念

（1）比例　比例表示建筑物图样上的大小与实际大小相比的关系。比例标注在图名一侧。当整张图样只用一种比例时，也可以写在标题栏内。房屋建筑图中的常用比例及可用比例见表 1-1。

表 1-1　房屋建筑图中的常用比例及可用比例

常用比例	1:1、1:2、1:5、1:10、1:20、1:30、1:50、1:100、1:150、1:200、1:500、1:1000、1:2000
可用比例	1:3、1:4、1:6、1:15、1:25、1:40、1:60、1:80、1:250、1:300、1:400、1:600、1:5000、1:10000、1:20000、1:50000、1:100000、1:200000

（2）标高　标高是建筑物某一部分高度与确定的水准基点之间的高差。在建筑施工图中，主要部分及室外地面的高度用标高来表示，注写到小数点后三位数字。总平面图中，可注至小数点后两位数。尺寸单位除标高及建筑总平面图以"m（米）"为单位，其余一律以"mm（毫米）"为单位。负数标高数字前必须加注"－"；正数标高前不写"＋"。

标高分为绝对标高和相对标高两种。

1）绝对标高：我国把山东省青岛市黄海平均海面确定为绝对标高的零点。

2）相对标高：除总平面图外，一般都用相对标高，即是把房屋底层室内主要地面定为基点。

标高的标注方法见表1-2。

表1-2　标高的标注方法

序号	名　称	图　例	说　明
1	立面及剖面图上的标高	4.000　－4.000 4.000　－4.000	标高符号的尖端应指被注的高度处，尖端可能向下、也可能向上
2	平面图上顶部标高	－3.000　－3.000　0°～30°	标高符号与水平线逆时针方向倾斜0°～30°
3	平面图上底部标高	－3.000　－3.000　0°～30°	三角形涂黑，标高符号与水平线逆时针方向倾斜0°～30°

（3）线型　建筑图主要绘图线型见表1-3。

表1-3　建筑图主要绘图线型

名　称		线　型	线　宽	一　般　用　途
实线	粗		b	主要可见轮廓线
	中粗		$0.7b$	可见轮廓线
	中		$0.5b$	可见轮廓线、尺寸线、变更云线
	细		$0.25b$	图例填充线、家具线
虚线	粗		b	见各有关专业制图标准
	中粗		$0.7b$	不可见轮廓线
	中		$0.5b$	不可见轮廓线、图例线
	细		$0.25b$	图例填充线、家具线

（续）

名　　称		线　　型	线　　宽	一　般　用　途
单点长画线	粗		b	见各有关专业制图标准
	中		$0.5b$	见各有关专业制图标准
	细		$0.25b$	中心线、对称线、轴线等
双点长画线	粗		b	见各有关专业制图标准
	中		$0.5b$	见各有关专业制图标准
	细		$0.25b$	假想轮廓线、成型前原始轮廓线
折断线	细		$0.25b$	断开界线
波浪线	细		$0.25b$	断开界线

（4）建筑材料图例　常用建筑材料图例见表1-4。

表1-4　常用建筑材料图例

序号	名　　称	图　　例	备　　注
1	自然土壤		包括各种自然土壤
2	夯实土壤		
3	普通砖		包括实心砖、多孔砖、砌块等砌体。断面较窄不易绘出图例线时，可涂红
4	空心砖		指非承重砖砌体
5	饰面砖		包括铺地砖、马赛克、陶瓷锦砖、人造大理石等
6	混凝土		1. 本图例指能承重的混凝土及钢筋混凝土 2. 包括各种强度等级、骨料、添加剂的混凝土 3. 在剖面图上画出钢筋时，不画图例线 4. 断面图形小，不易画出图例线时，可涂黑
7	钢筋混凝土		
8	纤维材料		包括矿棉、岩棉、玻璃棉、麻丝、木丝板、纤维板等
9	泡沫塑料材料		包括聚苯乙烯、聚乙烯、聚氨酯等多孔聚合物材料
10	木材		1. 上图为横断面，上左图为垫木、木砖或木龙骨 2. 下图为纵断面
11	胶合板		应注明为×层胶合板

（续）

序号	名　称	图　例	备　注
12	石膏板		包括圆孔、方孔石膏板、防水石膏板等
13	金属		1. 包括各种金属 2. 图形小时，可涂黑
14	玻璃		包括平板玻璃、磨砂玻璃、夹丝玻璃、钢化玻璃、中空玻璃、加层玻璃、镀膜玻璃等
15	橡胶		
16	塑料		各种软、硬塑料及有机玻璃等

2. 建筑工程施工图识读

建筑工程施工图分为：建筑施工图、结构施工图、设备施工图。作为初级燃气具安装维修人员，主要需要学会识读建筑设备施工图。

建筑设备是保障一幢房屋能够正常使用的必备条件，也是房屋的重要组成部分。整套的设备工程一般包括：给排水设备；供暖、通风设备；电气设备；燃气设备等。建筑设备施工图所表达的内容就是这些设备的安装与制作。

建筑设备施工图一般由基本图和详图两部分组成。基本图包括管线（管路）平面图、系统轴测图、立面图、原理图和设计说明等，并有室内和室外之分；详图包括各局部或部分的加工和施工安装的详细尺寸及要求。

初级燃气具安装维修人员通常只需识读简单的室内管路平面图和系统轴测图，了解产品安装位置燃气管路、给排水管路的布局和基本参数，便于产品的安装维修。

室内管路平面图和系统轴测图的识读方法如下：

1）室内管路平面图主要表明建筑物内部管道以及附件的平面布局，可通过平面图读取给水与排水的主管、干管、支管的管径、平面位置、走向及材料等。

2）室内管路系统轴测图是反映长、宽、高三个方向上的管道位置和走向的具有立体感的工程图，可以更加直观地反映管路在建筑内部的空间布局。

3）识读管道图时，应从平面图入手，再结合系统轴测图对照识读。图样识读顺序为：图样目录→施工图说明→平面图→系统轴测图。通过对平面图和轴测图的识读应掌握管道以及附件在空间的分布情况以及基本参数，了解管道以及附件与建筑物的关系。

室内给排水管路平面图如图1-13所示，轴测图如图1-14所示。

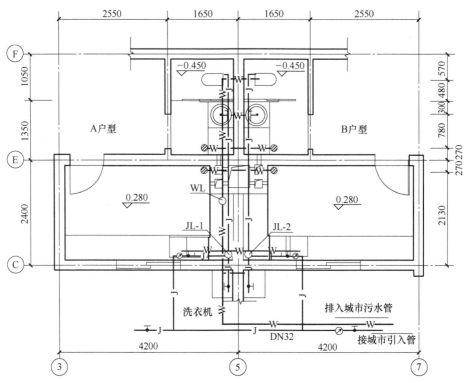

图 1-13　室内给排水管路平面图

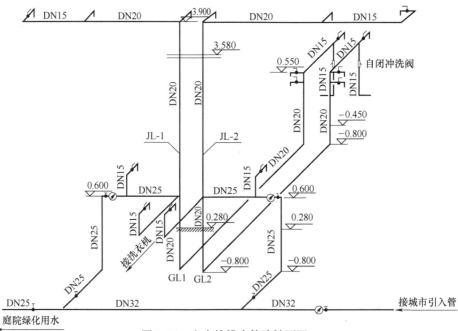

图 1-14　室内给排水管路轴测图

室内燃气管路平面图和轴测图如图 1-15 所示。

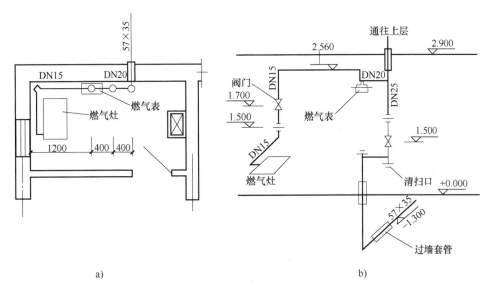

a)　　　　　　　　　　　　　　　　b)

图 1-15　室内燃气管路平面图和轴测图

a）平面图　b）轴测图

二、燃气常识

（一）城镇燃气的种类

1. 城镇燃气的分类及来源

燃气分为液化石油气、天然气和人工燃气三大类。各类燃气有不同的来源，因此它们的组成不尽相同，在性质上存在差异。

（1）液化石油气　液化石油气（英文缩写 LPG）是通过加压或降温使石油气变成液态，盛装于专用的密闭容器中以便于运输与储存。液化石油气的来源有两种，即炼厂气和油田气。

炼厂气是炼油厂或石油化工厂加工装置的副产品。在加工过程中生成的尾气，经过分离工艺，去掉其中的 C_3 以下和 C_4 以上的烃类，加压液化后即为液化石油气。所以其主要成分是 C_3、C_4 的烃类。另一种来源是油田气。石油开采时的伴生气经分离后产生纯丙烷和纯丁烷的产品，纯丙烷和纯丁烷一般在低温、常压的条件下储存，又称为冷冻气。由于冷冻气的大量储存和运输成本低，故我国的进口气中大部分是冷冻气。在大型冷冻气库储存的纯丙烷和纯丁烷，再根据用户的需要进行升温、混合后制成常温高压的液化气。经纯丙烷和纯丁烷调配后的液化石油气，在比例使用和残液少等多方面较炼厂气有优势。

13

液化石油气的优点是：供应形式灵活，可以瓶装供应，也可以管道供应。它的主要缺点是：气体密度大于空气，容易积存到低洼处，加上液化石油气的爆炸极限低，容易形成爆炸性混合物，所以爆炸事故率较其他气种高。它的另一个缺点是露点较高，当采用管道供应纯液化石油气时压力不能太高，否则冬季可能在管道中重新液化，也正因为这一个原因，在寒冷和较寒冷地区不宜搞纯液化石油气管道供气。

（2）天然气　天然气是从地下开采出来的一种天然形成的可燃气体。天然气可以分为四种：从气井开采出来的纯天然气；伴随石油一起开采出来的石油气（或称为石油伴生气）；含石油轻质馏分的凝析气田气；从煤矿井下煤层中抽出来的矿井气。

天然气的主要成分是甲烷，最差的天然气中的甲烷组分也在75%以上，大多数还含有一定量的乙烷。天然气是最优质的燃气，主要优点是：优异的环保效果。天然气在一次能源中是氢碳比最高的燃气，其燃烧排放物中 CO_2 的含量最少。另外，如硫等燃烧后能生成严重污染大气的有害物质在天然气中的含量很低。加上它最容易燃烧，燃烧产物中 CO 和悬浮颗粒极少。所以可以认为天然气是一种环保效果最佳的燃料。不含 CO 等有毒物质、安全性高，生产、净化、输送的成本低，是各种城市燃气中价格最低廉的，最具发展潜质的燃气。

另外，常用的还有非常规天然气：液化天然气（LNG）、压缩天然气（CNG）等。

（3）人工燃气　人工燃气包括煤制气和油制气两种。

1）煤制气。煤制气的主要原料是烟煤，我国许多北方城市使用煤制气。它的主要成分是 H_2、CH_4、CO 和少量的 C_2、C_3 等烃类物质，此外还含有少量的 N_2、O_2 和 CO_2 等。煤制气的原料资源丰富，含有较多的氢，所以燃烧速度快。但其缺点也非常突出，主要有：制气厂的投资庞大，对环境和大气的污染严重；含有过多的 CO，毒性大；含有较多的焦油、苯和萘等容易堵塞管道的物质。

2）油制气。油制气的原料是重油或轻油经裂解得来，常称为油裂解气。油制气的质量很高，广州等我国的一些大城市用重油裂解气作为主气源。它同样具有煤制气的缺点，但它的 CO 的含量很低，而毒性很小。

人工燃气热值低、燃烧速度快、燃烧不稳定，且含有 CO，毒性较大，所以现在城镇中人工燃气逐渐被天然气所取代。

2. 燃气的代号

我国国家标准《城镇燃气分类和基本性质》（GB/T 13611—2018）将三种燃气分别用表 1-5 规定的代号来表示。

表1-5 燃气代号

燃气种类	液化石油气	天然气	人工燃气
代 号	19Y、22Y、20Y	3T、4T、10T、12T	3R、4R、5R、6R、7R

在以上这些代号的燃气中，常出现的有 20Y 、10T、12T、5R、6R、7R 这几种。

每一个燃气代号，都由一个数字及一个符号组成。其中符号（Y，T，R）表示该燃气的种类，是该燃气种类拼音字母的第一个字母，即 Y 代表液化石油气，T 代表天然气，R 代表人工燃气。而代号中的数字则反映了燃气的高华白数的大小，如 12T，即表示高华白数约为 12000kcal/m³ 时的天然气。

其实，我们可以从燃气具的型号中找出该器具的适用气种，具体方法如下：

（1）燃气灶具 燃气灶具，广义讲包括燃气灶、燃气烤箱、燃气烘烤器、燃气烤箱灶、燃气烘烤灶、燃气饭锅和气电两用灶具等。其型号的内容就包含了小分类、气种、厂家编号等信息。燃气灶具型号格式举例说明如下：

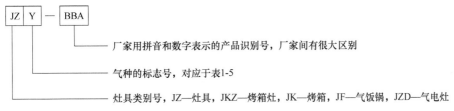

（2）燃气快速热水器 燃气快速热水器包括单供热水的热水器、单用采暖的热水器（也称为采暖热水炉）和热水采暖两用的热水器。同样可以从产品型号中识别产品类型、适用气种、功率规格、排气方式和厂家编号等信息。举例说明如下：

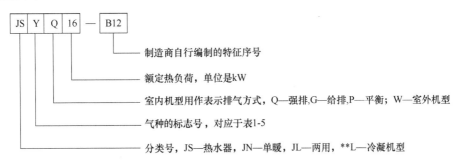

（二）燃气的基本性质

1. 密度和比重

（1）密度 密度是指单位体积物质具有的质量，用符号 ρ 表示。它与物体

的体积 V 和质量 m 的关系为

$$\rho = m/V$$

式中　ρ——物体的密度（kg/m^3）；

m——物体的质量（kg）；

V——物体的体积（m^3）。

由于液化石油气既可以气态存在，也可以液态存在。一定质量的气态液化石油气的体积与其压力和温度有很大的关系，因此气态液化石油气的密度随温度和压力的变化而变化的程度很大。液态液化石油气的密度受温度的影响远大于压力的影响。在使用密度这个单位时必须注意，是在什么温度下的密度。

（2）比重　比重是指在一定温度下物质的密度与一种选定的标准物质的密度之比，又称为相对密度。

$$d = \rho_1/\rho_2$$

式中　d——物质的比重；

ρ_1——物质的密度（kg/m^3 或 kg/dm^3）；

ρ_2——标准物质的密度（kg/m^3 或 kg/dm^3）。

对固态和液态的物质来说，相对比的标准物质是4℃的纯水，因为4℃纯水的密度是 $1000kg/m^3$ 或 $1kg/dm^3$，这样固态和液态的物质的比重在数值上与密度一样，区别在于比重没有单位。

对气态物质来说，相对比的标准物质是标准状况下的空气，标准状况下空气的密度是 $1.29kg/m^3$。

常用燃气和常见气体的相对密度见表1-6。

表1-6　常用燃气和常见气体的相对密度

名　称	常用燃气			常见气体	
	液化石油气（20Y）	天然气（12T，即 CH_4）	人工燃气（7R）	CO	CO_2
相对密度	1.682	0.555	0.317	0.969	1.533

从表1-6可看出，天然气、人工燃气以及燃气不完全燃烧生成的CO与空气的相对密度小于1，即比空气轻，当发生泄漏或积聚时会浮于室内空气的上方，当人员处于上述气体泄漏环境时应俯身掩口鼻撤离。而液化石油气和 CO_2 与空气的相对密度大于1，即比空气要重，故发生泄漏或积聚时会沉积于室内空气的下方，在该泄漏积聚环境内撤离时应避免俯身行动，避开气体沉积区。

2. 热值

单位体积的燃气完全燃烧所放出的热量称为该种燃气的热值，单位为 MJ/m^3。热值分为高热值和低热值。高热值是指燃气燃烧产物（烟气）被冷却到原始温度，其中水蒸气以凝结状态排出时所放出的全部热量；低热值是指燃气燃烧产物

（烟气）被冷却到原始温度，其中水蒸气仍以气态排出时所放出的全部热量。

在大部分使用燃气加热的场合，为了防止冬季烟道结冰堵塞、避免燃具和加热器具积水腐蚀并考虑卫生等原因，一般都要求燃烧产物中的水以气态随烟气排出，所以在国内一般使用燃气的低热值。常用燃气的热值见表1-7。

表1-7　常用燃气的热值

燃 气 类 别		热值/（MJ/m³）	
		低热值	高热值
人工燃气	3R	8.27	9.57
	4R	9.16	10.64
	5R	11.98	13.71
	6R	13.41	15.33
	7R	15.31	17.46
天然气	3T	11.06	12.28
	4T	13.95	15.49
	10T	29.25	32.49
	12T	34.02	37.78
液化石油气	19Y	88.00	95.65
	22Y	116.09	125.81
	20Y	95.02	103.19

3. 燃气的额定压力

燃气的额定压力是制造厂家根据燃气类别、实际管网压力和标准要求规定的燃气供气压力的设计值。不同类别的燃气额定压力见表1-8。

表1-8　不同类别的燃气额定压力

燃 气 类 别	人 工 燃 气	天 然 气		液化石油气
		4T、6T	10T、12T	
最高燃气压力/Pa	1500	1500	3000	3300
标准燃气压力/Pa	1000	1000	2000	2800
最低燃气压力/Pa	500	500	1000	2000

三、法律法规知识

（一）《中华人民共和国消费者权益保护法》相关知识

《中华人民共和国消费者权益保护法》于1993年10月31日颁布，1994

年1月1日起施行；2013年10月25日第2次修正，自2014年3月15日起施行。

在维修安装过程中，从业人员经常会与消费者打交道，当消费者对产品或服务不满意时，或者消费者感觉到他们的权益受到损害时，消费者如何进行正确的维权？消费者有哪些合法的权益？或者消费者所要维权的权益是否合法？这是燃气具安装维修工应该了解的。消费者权益保护法与安装维修工的工作相关的条款有：

1. 第一章 总则

第二条 消费者为生活消费需要购买、使用商品或者接受服务，其权益受本法保护；本法未作规定的，受其他有关法律、法规保护。

《中华人民共和国消费者权益保护法》明确提出了保护对象，在实际维修安装过程中，需明确保护消费者的合法权益，即：安全保障权、知悉真相权、自主选择权、公平交易权、获取赔偿权、结社权、获得相关知识产权、受尊重权和监督受批评权。

2. 第二章 消费者的权利

第七条 消费者在购买、使用商品和接受服务时享有人身、财产安全不受损害的权利。

消费者有权要求经营者提供的商品和服务，符合保障人身、财产安全的要求。

此安全保障权包括人身安全保障权和财产安全保障权。

第八条 消费者享有知悉其购买、使用的商品或者接受的服务的真实情况的权利。

消费者有权根据商品或者服务的不同情况，要求经营者提供商品的价格、产地、生产者、用途、性能、规格、等级、主要成分、生产日期、有效期限、检验合格证明、使用方法说明书、售后服务，或者服务的内容、规格、费用等有关情况。

第十一条 消费者因购买、使用商品或者接受服务受到人身、财产损害的，享有依法获得赔偿的权利。

第十四条 消费者在购买、使用商品和接受服务时，享有人格尊严、民族风俗习惯得到尊重的权利。

《中华人民共和国消费者权益保护法》明确提出了提供维修安装服务的人员相对应的八项义务，即：履行法定义务及约定义务、听取建议和接受监督义务、保证商品和服务安全的义务、提供真实信息的义务、出具相应凭证或单据的义务、保证质量的义务、不得单方做出对消费者不利规定的义务、不得侵犯消费者人身权的义务。

3. 第三章 经营者的义务

第十六条 经营者向消费者提供商品或者服务，应当依照本法和其他有关法律、法规的规定履行义务。

经营者和消费者有约定的，应当按照约定履行义务，但双方的约定不得违背法律、法规的规定。

第二十四条 经营者提供的商品或者服务不符合质量要求的，消费者可以依照国家规定、当事人约定退货，或者要求经营者履行更换、修理等义务。没有国家规定和当事人约定的，消费者可以自收到商品之日起七日内退货；七日后符合法定解除合同条件的，消费者可以及时退货，不符合法定解除合同条件的，可以要求经营者履行更换、修理等义务。

依照前款规定进行退货、更换、修理的，经营者应当承担运输等必要费用。

《中华人民共和国消费者权益保护法》明确提出了与安装维修工工作紧密相关的是经营者有保证产品质量的义务，有维修安装按照国家三包政策履行的义务。

4. 第六章 争议的解决

第三十九条 消费者和经营者发生消费者权益争议的，可以通过下列途径解决：

1）与经营者协商和解；

2）请求消费者协会或者依法成立的其他调解组织调解；

3）向有关行政部门申诉；

4）根据与经营者达成的仲裁协议提请仲裁机构仲裁；

5）向人民法院提起诉讼。

消费者在接受服务时，其合法权益受到损害的，可以向服务者要求赔偿。

（二）《中华人民共和国劳动合同法》相关知识

《中华人民共和国劳动合同法》由中华人民共和国第十届全国人民代表大会常务委员会第二十八次会议于 2007 年 6 月 29 日通过，自 2008 年 1 月 1 日起施行。2012 年 12 月 28 日通过修订，自 2013 年 7 月 1 日起施行。

《中华人民共和国劳动合同法》是市场经济体制下用人单位与劳动者进行双向选择，确定劳动关系，明确双方权利和义务的协议，是保护劳动者合法权益的基本依据。

双方订立劳动合同，应当遵循合法、公平、平等自愿、协商一致、诚实信用的原则；双方解除与终止劳动合同，有协商解除、法定解除和约定解除，劳动者可以根据实际情况与用人单位解除合同，从而构建和发展和谐稳定的劳动关系。劳动合同法中与安装维修工相关的条款有：

1. 第二章　劳动合同的订立

第八条　用人单位招用劳动者时，应当如实告知劳动者工作内容、工作条件、工作地点、职业危害、安全生产状况、劳动报酬，以及劳动者要求了解的其他情况；用人单位有权了解劳动者与劳动合同直接相关的基本情况，劳动者应当如实说明。

用人单位与劳动者在签订劳动合同前，应该相互充分了解双方基本情况，同时，双方有如实告知的义务，不得隐瞒。

第十条　建立劳动关系，应当订立书面劳动合同。

已建立劳动关系，未同时订立书面劳动合同的，应当自用工之日起一个月内订立书面劳动合同。

用人单位与劳动者在用工前订立劳动合同的，劳动关系自用工之日起建立。

第二十二条　用人单位为劳动者提供专项培训费用，对其进行专业技术培训的，可以与该劳动者订立协议，约定服务期。

2. 第三章　劳动合同的履行和变更

第三十条　用人单位应当按照劳动合同约定和国家规定，向劳动者及时足额支付劳动报酬。

用人单位拖欠或者未足额支付劳动报酬的，劳动者可以依法向当地人民法院申请支付令，人民法院应当依法发出支付令。

第三十五条　用人单位与劳动者协商一致，可以变更劳动合同约定的内容。变更劳动合同，应当采用书面形式。

变更后的劳动合同文本由用人单位和劳动者各执一份。

3. 第四章　劳动合同的解除和终止

第三十六条　用人单位与劳动者协商一致，可以解除劳动合同。

第三十七条　劳动者提前三十日以书面形式通知用人单位，可以解除劳动合同。劳动者在试用期内提前三日通知用人单位，可以解除劳动合同。

用人单位也可以根据实际情况，解除与劳动者的劳动关系。一是劳动者违反约定解除合同，无相应的经济补偿金；二是劳动者无过错辞退的，由用人单位给予劳动者相应的补偿；三是经济性裁员，因企业经营情况，而进行经济性裁员。

复习思考题

1. 投影可分为哪几种？五金行业中常用的是哪一种？

2. 什么是轴测图？燃气管道施工图中常用的轴测图是正等轴测图还是斜等轴测图？燃气管道中常用的弯头、三通等管件在轴测图中如何表示？

3. 建筑图中的标高指的是什么？其在建筑图中如何标注？

4. 如何识读室内管路平面图和系统轴测图？

5. 城镇燃气分为哪几大类？它们的代号分别是什么？燃气代号中的数值有何意义？

6. 燃气的相对密度是如何得来的？常用燃气的相对密度分别是多少？

7. 热值的定义是什么？常用燃气的热值是多少？

8. 在产品安装维修过程中，消费者的合法权益有哪些？在与用人单位建立、履行、变更、解除或终止劳动合同时，分别具有哪些权利和义务？

第 二 章

燃气具安装维修辅助工作

> **培训学习目标** 熟悉常用的安装维修工具，掌握常用工具的使用和保养维护方法；熟悉燃气管路和水管路的各种用材，掌握管路安装用材的制备方法和管路的安装方法；熟悉燃气具安装和使用的基本知识，掌握接待和回应用户咨询和诉求的方法。

◈◈◈ 第一节　工具、物料及技术准备

一、常用安装工具与检测仪器的种类

1. 电动工具

（1）冲击钻　冲击钻是依靠旋转和冲击来工作的，可用于天然的石头或混凝土墙面的开槽、钻孔。冲击钻的外观如图 2-1 所示。

冲击钻工作时在钻头夹头处有一个功能转换的调节旋钮，可根据工作需要调节为普通手电钻或冲击钻两种工作模式。

冲击钻是利用内轴上的齿轮相互跳动来实现冲击效果的，单一的冲击是非常轻微的，这种每分钟 40000 多次的冲击频率可产生连续的作用力，一般墙壁钻孔安装使用已经足够了。但是，冲击钻的冲击力远远不及电锤，工程量大时或高强度混凝土墙的钻孔开槽施工时建议使用电锤。

（2）金刚石钻　金刚石钻学名为带水源金刚石钻，俗称水钻。金刚石钻按用途不同，可分为家用和工程用两种。

1）家用：空调孔、热水器孔、浴霸孔、油烟机孔、排风扇孔、燃气管道孔、上下水孔、地漏孔、马桶孔、暖气孔、水管孔、电线过墙孔等各种规格，直

径为 $\phi 1 \sim \phi 25$mm 的孔可直接钻孔。根据需要也可以采用连排式钻孔。

2）工程用：混凝土承重墙新开门洞与开窗，以及空调器、油烟机、热水器等各种型号的预留孔钻孔，通风管道开洞，消防管道钻孔，线槽开孔，墙面拆除，楼板拆除，爆破钻孔，加固钻孔。$\phi 1 \sim \phi 25$mm 的孔可直接钻孔；根据需要也可采用连排式钻孔。金刚石钻的外观如图2-2所示。

图2-1　冲击钻的外观　　　　图2-2　金刚石钻的外观

（3）手电钻　手电钻是用于金属材料、木材、塑料、瓷砖等钻孔的工具。当手电钻装有正反转开关和电子调速装置时，其可作为电动螺钉旋具使用，能极大提升频繁拧螺钉的工作效率。有的手电钻配有充电电池，可在一定时间内在无外接电源的情况下正常工作。另外，如果给手电钻配上开孔器，那么它就可以对灶具下面的通气孔进行开孔等。手电钻及相关配件如图2-3所示。

a)　　　　　　　　　b)　　　　　　　　　c)

图2-3　手电钻及相关配件

a）手电钻　b）开孔器　c）金属材料开孔器

（4）电动螺钉旋具　电动螺钉旋具俗称电批、电动起子，是用于拧紧和旋松螺钉的电动工具。电动螺钉旋具除具有正反转功能外，还可以调节不同的转速以实现不同扭转力矩的输出。

随着安装维修水平的不断提高和对工作效率的追求，电动螺钉旋具也成为安装维修人员的必配工具。电动螺钉旋具的外观如图2-4所示。

2．手动工具

（1）锤子　锤子是用来安装入墙螺栓、钉子等的敲打工具，它由锤头和锤柄两部分组成。根据锤头材质的不同，常见的锤子有橡胶锤、木槌、钢锤等，安

图2-4　电动螺钉旋具的外观

装时最常用的是钢锤。钢锤的锤头用T7钢制成，并经淬硬处理。锤子的规格是根据锤头的重量来决定的，有0.25kg、0.5kg、1kg等几种（英制有0.5lb、1lb、1.5lb等几种）。锤柄选用坚硬的木材，其长度应根据不同规格的锤头选用，如0.5kg的锤子柄长一般为35cm。木柄敲紧在锤头孔中后部，端部再打入楔子就不易松动了。锤子的外观如图2-5所示。

图2-5　锤子的外观

（2）卷尺　卷尺是用来测量长度的必备工具，其测量幅度大，容易携带。卷尺各部位的名称如图2-6所示，卷尺各部位的主要功能见表2-1。

表2-1　卷尺各部位主要功能

代号	构件名称	主要功能
1	把爪	测量外部长度时起卡紧作用
2	紧固件	对刻度尺起固定作用
3	壳体	对刻度尺起保护作用，同时起装饰作用
4	挂件	防止意外掉落时损坏
5	刻度尺	测量物品规格

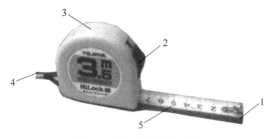

图2-6　卷尺各部位的名称

1—把爪　2—紧固件　3—壳体　4—挂件　5—刻度尺

（3）钳子 应用于燃气具安装及维修的钳子主要有管钳、大力钳、尖嘴钳、台虎钳等，如图2-7所示。其中，尖嘴钳使用最为频繁。管钳是用作固定和旋转管件、圆柱件的工具，如镀锌水管等。其使用方法如图2-8所示。大力钳主要用于夹持零件进行铆接、焊接、磨削等加工。其特点是钳口可以锁紧并产生很大的夹紧力，使被夹紧零件不会松脱，而且钳口有很多档调节位置，供夹紧不同厚度零件使用，另外也可作为扳手使用。

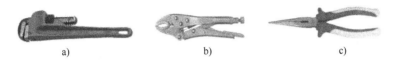

a)   b)   c)

图2-7 钳子

a）管钳 b）大力钳 c）尖嘴钳

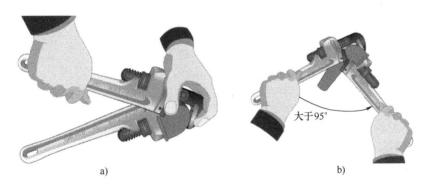

a)   b)

图2-8 管钳的使用方法

a）正确方法 b）错误方法

（4）活扳手 活扳手主要用来拆装六角头螺栓、方头螺栓和螺母。活扳手由扳手体、活动钳口和固定钳口等主要部分组成，其规格以扳手长度和最大开口宽度表示。活扳手的开口宽度可以在一定范围内进行调节。活扳手的规格见表2-2。

表2-2 活扳手的规格

长度	米制/mm	100	150	200	250	300	375	450	600
	英制/in	4	6	8	10	12	15	18	24
最大开口宽度/mm		14	19	24	30	36	46	55	65

使用活扳手时首先要正确选用其规格，要使开口宽度适合螺栓和螺母的尺寸，不能选过大的规格（见表2-2），否则会扳坏螺母；应将开口宽度调节得使钳口与拧紧物的接触面贴紧，以防旋转时脱落，损伤拧紧物的头部；扳手手柄不

可任意接长,以免拧紧力矩太大而损坏扳手或螺母、螺栓。活扳手的基本结构和使用方法如图 2-9 所示。

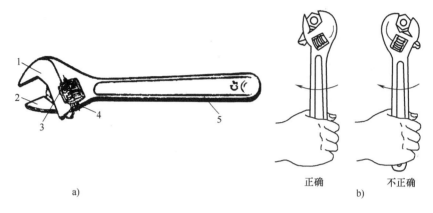

图 2-9 活扳手的基本结构和使用方法

a)基本结构 b)使用方法

1—扳体 2—活动扳口 3—蜗杆 4—蜗杆轴 5—手柄

(5)螺钉旋具 常用的螺钉旋具有十字槽螺钉旋具、一字槽螺钉旋具两种。十字槽螺钉旋具的规格有 2 ~ 3.5mm、3 ~ 5mm、5.5 ~ 8mm、10 ~ 12mm 四种;一字槽螺钉旋具的规格有 100mm、150mm、200mm、300mm 和 400mm 等几种。应根据螺钉头部槽的宽度来选择相适应的螺钉旋具。螺钉旋具的外观如图 2-10 所示。

图 2-10 螺钉旋具的外观

a)十字槽螺钉旋具 b)一字槽螺钉旋具

(6)开孔器 在安装维修过程中,常遇到在陶瓷砖墙、玻璃、木板、大理石、混凝土大梁上钻孔的施工,为了开孔美观和保护施工体,就需用到专用的开孔器。例如,用在玻璃、陶瓷、大理石、花岗岩上开小型孔时可选用对应规格的玻璃开孔器(见图 2-11),开金属板孔洞时用金属板开孔器(见图 2-12),开排烟管等大型孔时会用到水钻头。

3. 检测仪器

燃气安装施工过程中常用到的便携式检测仪器有万能表、水压表、压力计和水平尺等。

图 2-11 玻璃开孔器　　　　　　　　图 2-12 金属板开孔器

（1）万用表　万用表又叫作多用表、三用表，是一种多功能、多量程的测量仪表。一般万用表可测量直流电流、直流电压、交流电压、电阻等，有的还可以测量交流电流、电容量、电感量及半导体的一些参数。万用表是一种简单实用的测量仪器，目前用得较多的是都是数字式万用表（见图 2-13），指针式万用表较少使用。

（2）水压表　水压表又称为水压力表，如图 2-14 所示。水压表是通过表内敏感元件的弹性变形，再由表内机械转换机构将压力变形传至指针，引起指针转动来显示压力数值的。水压表一般采用量程为 0~0.6MPa，最小刻度为 0.02MPa 的表计。

（3）压力计　压力计主要是用于气密测试及量度气体压力的仪器。常见的压力计有 U 形压力计、电子压力计等，如图 2-15 所示。

a)　　　　　　　b)

图 2-13 数字式万用表　　　图 2-14 水压表　　　图 2-15 压力计

a) U 形压力计　b) 电子压力计

（4）水平尺　水平尺是一种用于测量水平度和垂直度的常用测量工具，由尺身和气泡水平仪组成。为方便携带，水平尺一般采用铝合金材料制成，如图2-16所示。水平尺按材料和外形分类，可分为方管型、工字型、压铸型、塑料型等多种规格；长度从10cm到250cm有多个规格；水平尺材料的平直度和水准泡质量，决定了水平尺的精确性和稳定性。

图2-16　水平尺

4. 开孔卡板

开孔卡板是嵌入式灶具嵌装尺寸的开孔模板，只要开凿出和卡板一致的安装孔，就能完美安装对应的灶具。由于嵌入式灶具底座规格的多样性，开孔卡板也是多样化的。

开孔卡板的使用方法是：首先，阅读产品说明书里明示的安装图，观察和测量灶面的尺寸和台下柜体的空间尺寸，确定安装方位。然后，将开孔卡板放在确定并符合安装条件的开孔位置并调整平行，使用铅笔沿开孔卡板四边画线。最后，画好开孔线后移去开孔卡板，再选用合适的开孔工具沿画线开孔并进行后期精细处理即可。

二、常用安装工具的安全使用要求

1. 手动工具的安全使用要求

1）选择适合工作需要的手动工具。

2）使用材质良好的手动工具。

3）使用前，必须检查手动工具是否有损坏、松动现象，严禁使用不安全的工具。

4）使用前注意保持工具清洁，尤其是工具的手握部分，以免工作时不慎摔出。

5）以正确姿势及手法使用工具，使用时姿势应以出力平稳最为安全，切勿过分用力。

2. 手提式电动工具的安全使用要求

使用电动工具，尤其是使用交流电动工具，首先要时刻严防发生漏电和触电事故；其次是，电动工具属于安装维修工具中较为常用和贵重的工具，而且工作效率比较高，所以要时刻注意对电动工具的保护，以便延长电动工具的使用寿命。关于手提式电动工具的使用，结合本行业工作经验，具体要求如下：

（1）对人身和施工现场安全防护方面的要求

1）使用前应检查电源线及工具的绝缘层是否破损，如电线破损时严禁使用。

2）使用220V交流电的电动工具，必须连接到有接地线或接中性线保护的电源插座。电源线插入插座前，要确保工具电源开关处于关闭状态。停电、休息或离开工作场地时，应立即切断电源。中途更换钻头或结束作业后，一定要将电源插头脱离电源插座且关闭工具的电源开关，防止中途误动作。

3）在潮湿的地方使用电动工具时，必须站在橡胶垫或干燥的木板上，以防触电。使用充电工具时，禁止边充电边使用。

4）工作时务必要全神贯注，不但要保持头脑清醒，更要理性地操作电动工具。身体疲惫、饮酒后或服药物后严禁操作工具。

5）严禁戴手套及袖口不扣操作电动工具，禁止用手直接触碰工具的高速旋转部位和高温灼热部位。

6）面部朝上作业时，要戴好防护眼镜，以保护眼睛。

7）施工作业时，不要突然用力或用力过猛，防止折断钻头或滑动而发生人身伤害。

（2）对电动工具保护的要求

1）使用前要开机检测，使用过程中要妥善停放，工具使用完要做好清洁、保养和保管。

2）要加强电源线和电池的保护。严禁过度拉扯、碾轧、割破、泡油电源线，使用结束要盘好电源线。对于电动工具的充电电池，一是不要过度使用，二是要使用合适的充电器，三是防止电池过充电。

3）不能将电动工具当作撬动工具使用，更不能敲打、撞击伤害电动工具。

4）钻头、批头等损坏后要及时更换。装夹钻头、批头时用力要适当，更换后应进行空转检查，待钻头、批头转动正常后方可使用。

5）新钻孔或中途更换钻头沿原孔洞钻孔时，应使钻头缓慢接触工件，不得用力过猛，否则会折断钻头，烧坏电动机。

6）在电动工具使用过程中，当发现振动过大、机身高温、钻头过热时，应立即停机待冷却后再继续使用。

三、检测仪器的工作原理及使用注意事项

1. 万用表的工作原理和使用注意事项

（1）万用表的工作原理　万用表作为一种多用途电子测量仪器，用于电工

电子等测量领域，一般包含安培计、电压表、欧姆计等功能，有时也称为万用计、多用计、多用电表等。

万用表的工作原理是利用一只高灵敏度的磁电式直流电流表（微安表）作为表头。当有微小电流通过表头时，就会有电流指示。但表头不能通过大电流，所以，必须在表头上并联与串联一些电阻进行分流或降压，进而测量电路中的电流、电压和电阻。

数字式万用表是在数字式直流电压表的基础上扩展而成的，其测量电流、电阻的功能都是基于电压的测量并通过转换电路来实现的。转换器将随时间连续变化的模拟电压量变换成数字量，再由电子计数器对数字量进行计数得到测量结果，再由译码显示电路将测量结果显示出来。

（2）万用表使用注意事项

1）在使用万用表之前，应先进行"机械调零"，即在没有被测电量时，使万用表指示零电压或零电流。

2）在使用万用表的过程中，不能用手去接触表笔的金属部分，这样一方面可以保证测量的准确性，另一方面也可以保证人身安全。

3）要使用对应的测量档位和合适的量程来测量某一电量，测量过程中严禁换档，尤其是在测量高电压或大电流时更应注意，否则会毁坏万用表。如需换档，应先断开表笔，换档后再去测量。

4）万用表在使用时，必须水平放置和远离强磁场，以免造成误差。

5）万用表使用完毕，应将转换开关置于交流电压的最大档位。如果长期不使用，还应将万用表内部的电池取出来，以免电池腐蚀表内元器件。

2. 压力计的工作原理和使用注意事项

（1）压力计的工作原理　U形压力计的测压基于液体静力学原理，利用已知密度的液柱高度对底面产生的静压力来平衡被测压力，根据两端液面高度差来确定被测压力的大小。

根据压力传感器的应变电桥原理，压力计振荡电路在压力的影响作用下，将被测压力值转化为电路系统能够识别的电阻值及电压值，并由振荡电路转换为计算机识别的电流频率值信号，再经处理转换成测试人员需要的压力数据。

（2）压力计使用注意事项

1）U形压力计：使用时必须垂直放置，并同时读取两管的液面高度，视线应与液面平齐，读数时应以液面弯月面顶部切线为准。由于U形管是易碎件，所以要注意保护。

2）电子压力计：应在操作手册规定的用途范围，以及限定的技术参数内，正确操作仪器；严禁直接碰撞显示窗口；也不要在雨淋或污染严重的环境中使用；还要经常例行保养及检查连接件及其他零件是否变形、磨损，以确保使用安全。

3. 水平尺的使用注意事项

在安装工作中，水平尺主要用于线管布线测量和产品的水平度测量。使用中要注意对水平尺的保护和测量的准确性，注意事项如下：

1）正确选择测量基准点，并保证水平尺工作面和工件表面的清洁，以防止污物影响测量的准确性和测量的水平度。

2）正确读数。测量时必需待气泡完全静止后方可读数。

3）在同一个测量位置上，应将水平尺掉转方向再次测量校对。

4）当移动水平尺时，不允许水平尺工作面与工件表面发生摩擦。

四、常用维修配件的计划保管

（一）燃烧器具常用维修配件及功能说明

了解和掌握燃气具产品主要零部件的名称和功能，是做好安装维修工作以及配件计划管理工作的前提条件，是一项开展维修工作的基本功。下面将详细介绍灶具及热水器产品的主要零部件及其功能。

1. 灶具的主要配件

（1）点火器 点火器分为脉冲点火器和压电陶瓷点火器。

1）脉冲点火器。脉冲点火器一般以干电池为能源，依靠电子电路产生连续高压电脉冲，形成连续电火花，将燃气点燃。脉冲点火器可靠性高，且耗电量极少，如图 2-17 所示。

2）压电陶瓷点火器。利用撞锤冲击压电陶瓷，在压电陶瓷两端形成一次性高压电，高压电在点火电极与周围金属之间产生电火花，将燃气点燃。压电陶瓷点火器主要应用于台式灶具。图 2-18 所示为带压电陶瓷点火器的气阀总成。

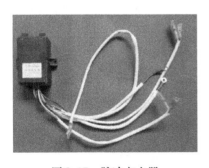 

图 2-17 脉冲点火器　　　　图 2-18 带压电陶瓷点火器的气阀总成

（2）气阀 气阀是灶具的核心部件，是控制燃气开、闭及气量大小的阀门。气阀一般与点火控制开关/点火器、气阀体、喷嘴、熄火保护装置等组装在一起，构成一个阀体总成，如图 2-19 所示。气阀经常按主气通的数量分为单气道阀、双气道阀及多气道阀等。

（3）熄火保护装置 熄火保护装置有热电式熄火保护装置和离子式感焰保护装置两种。其作用是在灶具运行过程中遇到意外熄火的情况下，自动关闭阀门并切断燃气，以避免燃气泄漏而发生意外事故。

1）热电式熄火保护装置。热电式熄火保护装置由热电偶及电磁阀组成，如图 2-20 所示。热电式熄火保护装置的工作原理是热电偶在火焰燃烧下产生热电动势，维持电磁阀吸合与开启，燃气能够顺利流出。当熄火时，热电动势快速（一般为 4～6s）减弱使电磁阀关闭，燃气关闭。

图 2-19　气阀总成

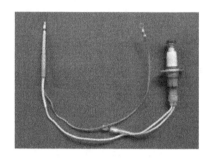

图 2-20　热电式熄火保护装置

2）离子感焰保护装置。离子感焰保护装置是由离子感焰针（见图 2-21）、自吸式电磁阀（见图 2-22）、脉冲控制器（同脉冲点火器）组成的保护装置。脉冲控制器通过离子感焰针的信号控制电磁阀的工作。熄火时，离子感焰针将熄火信号反馈给脉冲控制器，脉冲控制器切断电磁阀电源，电磁阀进而关闭，燃气停止供应。

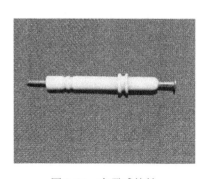

图 2-21　离子感焰针

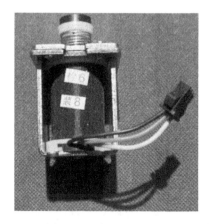

图 2-22　自吸式电磁阀

离子感焰保护装置的最大优点是反应迅速，不足之处是功耗大。

（4）灶具燃烧器 灶具燃烧器由炉头和火盖组成，如图2-23和图2-24所示。

图2-23　炉头

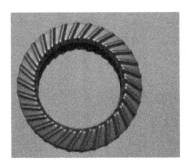

图2-24　火盖

炉头是燃气和一次空气混合的区域，火盖是混合气体燃烧的区域。火盖的表面或者沿圆周布满矩形或者圆形等形状的火孔。燃气以一次空气混合后从火盖火孔流出，经点燃后成为燃烧火焰。

（5）干电池 干电池是灶具电子控制器（脉冲点火器）的能源提供者。厂家一般按控制器的输入电压来配备干电池数量。一般情况下，1.5V控制器配备1节干电池，3V控制器配备2节干电池，依此类推。

干电池的安装过程极其简单，只需要根据干电池盒上标注的"＋""－"极放入即可。若干电池装反，控制器将无工作。此时再将干电池反装即可。此外，若装上干电池后可能会遇到脉冲点火无反应的情况，也存在所配送的干电池失效的，这一点需要灵活判断和处理。

2. 热水器的主要配件

（1）燃烧器总成 燃气热水器的燃烧器俗称火排，火排的结构一般分为封闭式、口琴式和T形燃烧器三种，如图2-25所示。

（2）热交换器 热水器热交换器俗称水箱，如图2-26所示。热交换器是吸收燃烧的热量并加热流经水管里的水的换热部件，一般由纯铜材料制成，常见的有无氧铜水箱和镀锡水箱。

 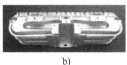 

a)   b)   c)

图 2-25   燃气热水器常用的燃烧器类型

a) 封闭式燃烧器   b) 口琴式燃烧器   c) T 形燃烧器

（3）水气三阀总成   水气三阀包括燃气阀（含电磁阀）、水气联动阀、水量调节阀，如图 2-27 所示。它们是烟道式热水器、上抽式强排热水器中的重要组件。水气三阀具有燃气开关控制、气量调节、水气联动控制、水量调节、过水压保护泄压及排水防冻的功能。

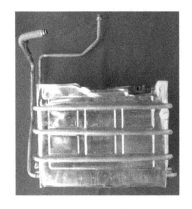 

图 2-26   热交换器   图 2-27   热水器水气三阀总成

（4）风机   风机的主要作用是强制排出由热水器燃烧产生的烟气。风机有上吸气式和下鼓风式两种，结构上有一定差异，如图 2-28 所示。风机按转速分为定速风机及无级调速风机。定速风机一般使用在普通热水器上。无级调速风机一般用在恒温热水器上。

（5）风压开关   风压开关是一个防止排气堵塞的安全装置，如图 2-29 所示。它的作用就是让机器自动检测烟道是否畅通或者外界风压是否过大。畅通或者风压正常它就工作，不正常它就停止工作。

（6）脉冲点火器和控制器   热水器脉冲点火器与灶具脉冲点火器功能无明显差异，但其工作电压有直流电压供电和交流电压供电之别。

控制器是热水器重要的核心部件，集点火、燃烧控制、安全监控、水温调节、显示输出、风机控制等功能于一体，如图 2-30 所示。随着人工智能技术的

a)

b)

图 2-28　燃气热水器风机

a）上抽式风机　b）鼓风式风机

不断运用，其功能会越来越强大。

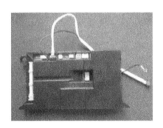

图 2-29　风压开关　　　　图 2-30　热水器控制器

（7）燃气比例阀　燃气比例阀由自吸阀和比例调节阀两个功能组件组成，两个功能组件共同由控制器来控制，共同实现对燃气通道的控制。其中，自吸阀用来控制燃气的通断，比例调节阀用来调节燃气量大小，如图 2-31 所示。

a)

b)

图 2-31　燃气比例阀

a）分段阀　b）单控阀

（8）水流/水量传感器及水量伺服阀　水流/水量传感器是检测进水流量的传感器，如图 2-32 所示。它通过霍尔元件检测水流推动转子的速度来测量水量，并将检测信号传送给控制器来确定进水量。

水量伺服阀是具有水量检测和水量调节功能的调节阀，是水气双调高端恒温热水器的重要部件,如图 2-33 所示。

图 2-32　水流/水量传感器　　　　图 2-33　水量伺服阀

(二) 常用维修配件的计划保管

负责维修服务的部门应当设立专门的产品配件仓库,并根据配件规模配置专职或兼职管理员负责配件管理工作。

配件管理的主要内容如下:

1) 根据销售品种、维修情况、采购周期等确定配件采购量及最低库存量。

2) 负责采购计划制订、采购、到货验收入库。

3) 建立健全配件管理制度(如配件领取、更换规定、配件仓库管理规定等)。

4) 负责新配件领用、旧配件回收登记管理。

5) 定期进行库存盘点,确保账物相符,相关数据录入系统,按时完成配件报表等。

仓库管理应当规范,有条件的应实行 5S 管理。配件应按产品类别、型号分类有序摆放,并做好标注以便快速寻找,新旧配件应分开放置以免混淆。

做好配件统计工作,每月统计配件更换数据(型号规格、故障原因等),定期进行数据分析,分析结论可作为确定配件采购量的依据。

五、技能操作

1. 安装工具的准备

在上门服务前应该准备好安装工具,并检查工具的各项性能是否完好。

安装工具包括常规工具及电工工具,常规工具一般由个人保管,电工工具一般由库房保管。因此,准备安装工具的步骤如下:

1) 了解安装任务,通过任务书提供的信息确定工具需求种类。

2) 根据预判的工具需求量,检查常备工具是否足够,特需工具应从工具房领取。

3) 出门前对工具进行完好性检查并带齐所需工具。

2. 检测仪器的准备

检测仪器一般由库房保管。准备检测仪器的步骤如下:

1）根据任务单领取相应检测仪器。

2）对检测仪器进行开机检查，判定检测仪器的完好性和准确性，检验过程中遇到问题时要做好记录。

3）带上完好的检测仪器上门服务。

3. 燃烧器具的配件及功能说明

1）根据出示的配件准确说出配件名称及其功能。

2）根据配件名称及功能的描述，准备并找到对应的配件。

3）根据配件名称或实物，详细描述其功能。

4. 维修配件的保管及检查

1）从库房领取到的配件，要当面检查所领配件是否与申请单一致，并检查包装是否破损，配件质量是否符合要求。

2）申领到的配件在使用前包装物不能撕毁，携带途中要做好保护措施。

3）新旧配件应分开放置以免混淆。

4）在更换配件前，需要再次检查和确认配件的准确性。

5）保修期内更换下来的旧配件需要做好包装及标记。

5. 编写维修备件计划

1）依据以往产品常换配件做好新上市产品的配件备件计划。

2）做好配件统计工作，每月统计配件更换数据（型号规格、故障原因等），定期进行数据分析，分析结论可作为确定配件采购量的依据。

3）确定配件采购量及最低库存量并做好采购计划的制订和采购工作。

◇◇◇ 第二节　管路制备与安装

一、燃气具安装使用的各类管材及辅材

燃气具的安装不是独立事件，必然需要与燃气管道、水管相连，热水也需要通过管道输送到用水口，所涉管材种类多，有燃气管材、冷水管材、热水管材等。管材的运用在满足相关技术要求的前提下，应尽量满足用户的需求和经济性指标。燃气具安装使用的常用管材有：用于燃气管路安装的有铝塑管、不锈钢波纹管、专用燃气胶管、铜管和钢管；用于水路安装的有不锈钢波纹管、铝塑管、PVC 水管、PPR 水管、镀锌水管等。

（一）燃气具安装常用管材的品种、功能及性能特点

1. 不锈钢波纹管

不锈钢波纹管应用十分广泛，常用在燃气具与燃气管道之间的连接和热水器

与冷、热水管的连接上。不锈钢波纹管按其波纹形状可分为环形波纹管和螺旋形波纹管两种。

专用不锈钢波纹管作为专用燃气管道用品，其具有设计新颖、外形美观、不生锈、耐腐蚀、连接可靠、不脱落、易弯曲、拆装方便、耐高温、防火性能好、使用寿命长、密封性好等优点。另外，其加工时可采用在线涡流探伤检测，因此安全性能较高，是取代燃气胶管的新型安全燃气连接管，目前已被广泛推广使用。

（1）燃气专用不锈钢波纹管的特点

1）安装方便，外形美观，弯曲容易，能在狭窄的空间自由弯曲和通过。

2）耐腐蚀，寿命长，能确保安全使用寿命达到甚至超过50年。

3）具备补偿性，避免因地震和建筑物沉降而造成燃气泄漏。

4）连接方式是采用卡套式管件机械连接，卡套式管件连接方便快捷，管体中部没有接口，这样就减少了连接点数量，增强了管道的安全性。

（2）燃气专用波纹管的选择原则　在连接燃器具前，对于不锈钢波纹管管径的选择应根据燃气具的流量和软管的实际压力损失加以选择，其压力损失应在允许范围内；软管的总压力损失由包覆管的实际压力损失和接头的压力损失组成。

（3）燃气专用波纹管的制备和连接

1）根据燃气具和燃气灶前阀门的接口类型和连接距离，制备两端带连接头的波纹管。

2）关闭进户燃气总阀，检测波纹管两端螺母内是否装有橡胶密封圈。

3）将软管的一头 G1/2 连接螺母用手准确旋进灶具连接螺纹后用扳手拧紧，用同样方法将另一头 M8X1.5 或 G1/2 连接螺母旋进气源阀门接头并用扳手拧紧。

4）连接过程中禁止旋转拧紧软管、强力拉扯软管、捶打和脚踏软管（见图2-34）。安装完毕后，用少量肥皂水涂抹在连接处，检测是否有因安装不当或配件问题导致的漏气现象。

（4）专用燃气不锈钢波纹管安装注意事项　专用燃气不锈钢波纹管具有燃气管和软管的属性，因此安装时要注意以下事项：

1）用于暗埋敷设或穿墙时，应选用具有外包覆层的波纹管。

2）软管支架的最大间距不宜大于1m，水平管转弯处每侧不大于0.5m范围内应设置固定托架或管卡座。

3）当连接燃气计量表时，应弯曲成圆弧状，不得形成直角。

4）与软管直接相连的阀门应设有固定底座或管卡。

5）软管切口要圆滑平整。管外保护层，应按有关操作规程使用专用工具进行剥离后，方可连接。

6）软管的连接应采用卡套式管件机械连接。

7）软管安装时如需弯曲，弯曲起止点与接头处应有不小于 10cm 的直管段，弯曲半径应不小于管道直径的 3 倍。

8）软管在未安装前严禁弯曲，以防多次弯曲造成被覆管的非正常损坏，同时避免强行拉伸、重物锤击。图 2-34 是软管错误的施工方法示意图。

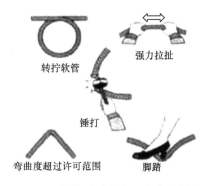

图 2-34　软管错误的施工方法示意图

2. 燃气用铜管

铜管也常作为燃气的专用管，但燃气用铜管应采用牌号为 TP2 的铜管材，其质量应符合国家标准《无缝铜水管和铜气管》（GB/T 18033—2017）的要求。

燃气用铜管的使用要求如下：

1）燃气中硫化氢含量小于或等于 7mg/m³ 时，中低压管道可采用 GB/T 18033—2017 规定的 A 型管或 B 型管；燃气中硫化氢含量大于 7mg/m³ 而小于 20mg/m³ 时，中压管道应选用带耐腐蚀内衬的铜管；无耐腐蚀内衬的铜管只允许在室内的低压燃气管道中采用。

2）燃气铜管可明设、暗封、暗埋。暗埋敷设应采用塑封铜管。燃气表后的铜管宜采用半硬态或软态铜管。

3）铜管的连接应采用承插式硬钎焊连接（见图 2-35），不得采用对接钎焊和软钎焊（硬钎焊填充金属的熔点一般在 450℃ 以上，软钎焊填充金属的熔点在 450℃ 以下）。

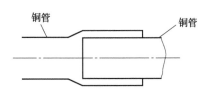

图 2-35　铜管钎焊

3. 钢管及管件

（1）常用钢管的分类

1）钢管有无缝钢管和焊接钢管。其中，无缝钢管又分为热轧管、冷轧管、冷拔管、挤压管等，材料有碳钢、结构钢和合金钢；焊接钢管是用钢板或钢带经过卷曲成型后焊接制成的，又分为直缝焊钢管和螺旋焊钢管。在中低压流体输送时，常采用镀锌焊接钢管。

2）按照管壁厚度不同，钢管又可分为薄壁钢管和厚壁钢管。如无缝钢管中热轧管和挤压管的壁厚一般是 2.5~75mm，外径为 32~630mm；冷轧管和冷拔管的壁厚一般是 0.25~14mm，外径为 6~200mm；低压流体输送用镀锌焊接钢管及焊接钢管的壁厚一般是 2~4.5mm，外径为 10~165mm。其他还有按照用途和压力等来分类的。

3）新型复合钢管。复合钢管是在镀锌钢管或螺旋焊钢管的内壁喷涂塑料制成的。由于增加了耐蚀性，复合钢管内壁光滑流畅，对流体阻力更小，使用寿命更长。

（2）常用钢管连接管件　钢管连接时，遇到变直径、变方向等情况时需要使用连接管件。户内燃气管道工程常用的连接管件有：管接头（异径管接头）、弯头（异径弯头内外螺纹弯头）、三通（异径三通、内外螺纹三通）、四通（异径四通）、管堵（管帽、丝堵）、丝对（六角外接头）、补心（内、外螺母）、大小头、活接头等。管件由可锻铸铁或软钢制成。根据管材不同，其辅助连接管件也有黑铁与白铁之分。

（3）钢管螺纹连接加工及连接　钢管常用的连接是焊接和螺纹连接，其中螺纹连接最为常用，具有施工简单和维修方便的特点，在使用普通套丝机后工作效率显著提高。

1）螺纹连接的规格：管子和管件的螺纹连接采用英制，螺纹连接规格用英寸（in）表示。因为 1 英寸 = 8 英分（英制计量单位），习惯上 1in 读作 8 分，3/8in 读作 3 分，1/2in 读作 4 分，3/4in 读作 6 分。

2）螺纹连接的加工：加工螺纹时常用套丝机（铰板）进行人工加工。套丝机（铰板）规格有两种：1/2~2in、2½~4in。其中 1/2~2in 套丝机可加工公称直径为 1/2in、3/4in、1in、1¼in 和 2in 的螺纹；2½~4in 套丝机可加工公称直径为 2½in、3in、3½in、4in 的螺纹。1/2~2in 套丝机有 1/2~3/4in、1~1¼in、1½~2in 三套板牙。2½~4in 套丝机有 2½~3in、3½~4in 两套板牙。加工螺纹时可根据管径分别选用相应的套丝机和板牙。加工出的螺纹要求端正、光滑、无毛刺、不掉丝、不乱牙等。

3）螺纹连接的方法：管子连接时螺纹拧紧后可起到密封作用。螺纹连接密封材料常用的为聚四氟乙烯胶带和铅油、线麻等。管子连接前应在外螺纹的管扣或管件上顺时针方向缠上聚四氟乙烯胶带。连接时，先用手拧紧，当手拧不动时，再用管钳转动管子（或管件），直到拧紧为止，拧紧后应剩余 2~3 道螺纹。

管钳选用要合适，用大规格管钳拧紧小规格管件时，会因用力过大使管件损坏。反之用力不够而拧不紧。

4. 专用燃气胶管

专用燃气胶管为多层橡胶软管。橡胶软管的连接方法是：首先往连接的两个接头（燃气管道灶前阀接头和灶具进气接头）外壁上抹点洗洁精或肥皂水（润滑剂的作用），然后用手抓着软管左右晃动往里推到位（接头的红线处）。如果还不行，就用热水烫软管端头部分，待热膨胀后再往里套。

值得注意的是，橡胶软管不能过长和打折，长度也要合适，最长不应大于 1.5m。过长时可用剪刀裁剪掉多余部分，剪断口一定要平齐。

5. 铝塑管

铝塑管是一种由中间纵焊铝管，内外层聚乙烯塑料以及层与层之间热熔胶共同挤压复合而成的新型管材。聚乙烯是一种无毒、无异味的塑料，具有良好的耐撞击、耐腐蚀、抗天候性能。中间层纵焊铝合金使管材具有类似金属的耐压强度、耐冲击能力，使管子易弯曲不反弹。也就是说，铝塑复合管具有金属管坚固耐压和塑料管抗酸碱耐腐蚀的两大特点。铝塑管的管层结构如图 2-36 所示。

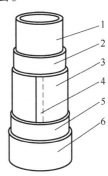

图 2-36　铝塑管的管层结构
1—PE 塑料内层　2—内胶粘层
3—搭接焊铝管层　4—焊缝
5—外胶粘层　6—PE 塑料外层

铝塑管可用于水管、气管的安装，应参照表 2-3 进行选定。

表 2-3　铝塑管的分类

流 体 类 型	用途代号	铝塑管代号	长期工作温度/℃	允许工作压力/MPa
冷水	L	PAP	40	1.25
冷热水	R	PAP	60	1.00
			75	0.82
			82	0.69
		XPAP	75	1.00
			82	0.86
天然气	Q	PAP	35	0.40
液化石油气				

（1）铝塑管的剪切方法　根据所需长度用专用管切刀在剪切处轻轻地垂直剪入，剪入塑料后用不拿剪子的手将管旋转一周即可完成剪断操作。

（2）铝塑管的弯曲方法　管子弯曲时应使用专用弯管器。应注意的是，管子的弯曲半径必须大于管子外径的 5 倍。

（3）铝塑管的连接方法　铝塑管连接时需要加装卡扣式连接管件（见图 2-37）。

铝塑管安装卡扣式连接管件的操作方法如下：

　　1）用整圆扩孔器将管口整圆扩孔。

　　2）将黄铜螺母和O形压环套装在管子端头。

　　3）将管件整体内芯插进管口内，并将内芯全长压入。

　　4）拉回O形压环和黄铜螺母，用扳手将螺母拧紧。

图2-37　卡扣式连接管件

　　装配过程中应注意的是，橡胶圈和O形压环的相对位置要正确，如果位置不正确，应加以调整，否则易出现泄漏。

　　（4）铝塑管的安装要求　管道沿墙壁明敷时，需要在土建专业施工完毕后进行，安装时应先设置金属管卡，管卡的位置要准确。尤其是管件处和管道弯曲部位，应适当增设金属管卡固定。若采用金属管卡、吊架、托架固定管道，与铝塑管接触的部位应采用非金属垫块隔离。

　　6. 水管用PVC管和PPR管

　　（1）PVC塑料管材　PVC管是以卫生级聚氯乙烯树脂为主要原料，添加定量的稳定剂、润滑剂、填充剂、增色剂等，经塑料挤出机挤出成型和注塑机注塑成型，通过冷却、固化、定型、检验、包装等工序生产出的一种给水用管材。

　　家用PVC给水管的规格有φ20mm、φ25mm、φ32mm、φ40mm、φ50mm、φ63mm等，适用于热水器安装的规格是φ20mm、φ25mm、φ32mm。

　　PVC给水管所示的压力均表示为公称压力，用MPa表示。PVC管的公称压力规定为0.63MPa、0.8MPa、1.0MPa、1.25MPa、1.6MPa共5种，适合用于燃气热水器安装的耐压是1.6MPa。

　　PVC管的连接较为简单，管道与管道间的连接采用胶粘连接，与热水器、钢管间的连接则采用螺纹连接，因此应在管子的末端端头安装一个活接接头。其中，胶粘连接方法是：首先将粘接部位擦拭干净，在连接面上涂满胶水，然后迅速插接到底，静置待干。刚套上接头还可校正，但严禁旋转。

　　（2）PPR塑料管材　PPR管正式名称为无规共聚聚丙烯管，是目前燃气具安装工程中采用最多的一种供水管道。PPR管的种类依据公称外径有20mm、25mm、32mm、40mm、50mm等，燃气具安装中用得最多的是20mm（4分管）和25mm（6分管）两种。建议有条件时使用外径为25mm的PPR管，尤其是大升数的燃气具，因为现代家庭居住地高度集中，用水点越来越多，同时用水的概率也很高，这样会尽可能减小水压低、水流量小的困扰。

PPR 管的连接采用熔粘连接方式，具体操作方法参见后面章节关于熔接器使用方法的相关内容。PPR 管的安装与普通水管的安装相同。

7. 常用燃气阀门与转接头

家庭内常用的有旋塞阀和球阀，由于旋塞阀内的通孔比较小，可作为灶前阀门使用，但目前已经很少使用。而热水器的进气阀门使用球阀比较好，因为热水器耗气量比较大，而球阀的阀芯上有一个与管道内径相同的通道，供气量有保证。目前，大多使用球阀，如图 2-38 所示。

图 2-38 常用燃气阀门与转接头

在燃气具安装中，阀门安装在燃气具前面。

（二）辅材的品种、功能及性能特点

在燃气具安装过程中，为确保安装过程顺利进行，还需要借助其他辅材的帮助，以实现安全可靠性的连接。

1. 聚四氟乙烯生料带

图 2-39 所示为管路安装时常用的聚四氟乙烯生料带。这种生料带适应温度范围广，具有优良的耐老化及耐化学腐蚀性能，适合于各种低压管材螺纹的密封。聚四氟乙烯生料是目前所有密封材料中性能最优异的，适合于各种强酸、强碱、强氧化剂、氧气、煤气及各种化学腐蚀性介质环境中使用。由于其优异的性能，这种产品广泛应用于化工、石油、医药、建材等各行各业。

图 2-39 聚四氟乙烯生料带

聚四氟乙烯生料带分为无油生料带、含油生料带两种。

（1）无油生料带 无油生料带与其他生料带相比，其特点是没有油脂成分存在。所有的生料带在加工中都要加入矿物油，无油生料带中也需要加入矿物油，这是制造工艺的需要，而在生料带制做后期，无油生料带会把其中的油脂去掉，成为一种没有油脂的生料带。

无油生料带因为不含油脂，不含污染成分，因此，也被称为环保生料带，是自来水管道专用密封材料。

（2）含油生料带　含有油脂的生料带在延展性上有突出的特性，因为油脂参与了生料带成分的构成。无油生料带因为去除了油脂，在成分上比较单一，因此，延展性降低了，但是，韧性却增加了。

（3）生料带的使用方法

1）生料带要顺着螺纹方向缠绕，不能反向。

2）缠绕生料带时，应从螺纹头部第二个牙开始，留第一个牙不缠，主要是避免生料带进入管道。

3）缠绕生料带时要微微用力，在保持生料带不被拉断的情况下，有一定的延伸率，这样缠出的生料带才紧密可靠，方可保证不泄漏。

4）生料带缠绕的层数应根据螺纹配合松紧程度确定，且缠绕时应使厚度呈锥形，即螺纹前面可稍薄，越往后越厚，确保螺纹越旋越紧，起到密封效果。

5）生料带缠好后，一旦拧紧后就不准退丝（即不准往回拧），否则要重新缠绕。

2. 常用紧固件

螺钉、螺母、膨胀螺栓是常用紧固件。膨胀螺栓的类型很多，家用燃气具安装时常用的有钢制胀管型和塑料胀管型两种。图2-40所示为塑料胀管和螺钉。

螺钉常用的规格有十字槽盘头螺钉 GB/T 818-2016-M4×10-WZn、十字槽盘头螺钉 GB/T 818-2016-M4×10-Cu、十字槽盘头自攻螺钉 GB/T 845-2017-ST3.5×16-WZn。其中，WZn 表示镀锌螺钉，Cu 表示铜螺钉。

图2-40　塑料胀管和螺钉

安装固定燃气具及固定管路所用的膨胀螺钉常用规格有：M6×60、M8×60。

安装固定膨胀螺栓和塑料胀管时，一定要考虑瓷砖的墙灰厚度，要求固定部分全部打入墙体中。

二、管材切割、弯曲及连接使用的设备及工具

1. 常用的切割工具

（1）钢锯　钢锯是割削管子和其他材料的工具，由锯弓和锯条两部分组成，如图2-41所示。锯弓的长度可以灵活调节，由锯条的长度来决定。锯条由优质工具钢经热处理后制成，常用锯条的长度为300mm、宽度为13mm。锯条有粗齿（每英寸有18齿）和细齿（每英寸有24齿）之分。细齿锯条不易折断、省力，

但切断速度慢。粗齿锯条适合于切断较大口径的管材，锯齿的进给量大，易卡掉锯齿，较费力，但切速度快。

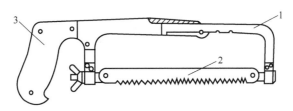

图 2-41　钢锯
1—锯弓　2—锯条　3—手柄

（2）割刀

1）金属管子割刀。

如图 2-42 所示，管子割刀是一种比钢锯切割效率更高的切管工具。其特点是切割速度快，断面平直，易于掌握。但其断面略有收缩，需用铰刀插入管口进行修整。切断管子时，应先将管子在管子台虎钳内紧固好，然后再将切割滚轮的刃部对准切割部位，接下来拧动手把使圆柱形螺杆向前推进，借助螺杆和滑动支座产生的压紧力，割刀的切割轮切入管壁。扳动螺杆上的手柄，可以使割刀绕管子做圆周转动并适时地再旋紧螺杆压紧滑动支座直来拆装至切断管子。

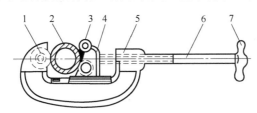

图 2-42　管子割刀
1—切割滚轮（刀片）　2—管子　3—压紧滚轮　4—滑动支座　5—主体　6—螺杆　7—手柄

使用管子割刀应注意的是，用力均匀旋转，每次进给量不要过大，切忌割刀不要沿管子轴线方向晃动，以免损坏刀片。

2）塑料管子割刀。

塑料管子割刀是用于 PVC、PP-R 等塑管材料的断管剪切工具，如图 2-43 所示。其规格有 0～32mm、0～42mm、0～64mm 等，在燃气具安装中最常用的是 0～32mm 塑料管子割刀。

注意：塑料管子割刀的使用方法与金属管子割刀相同。

2. 夹紧工具

（1）管子台虎钳　管子台虎钳是夹持管子时的常用工具，如图 2-44 所示。使用管子台虎钳时的注意事项如下：

图 2-43　塑料管子割刀

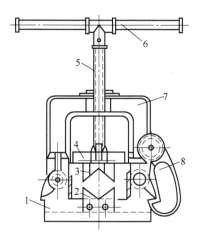

图 2-44　管子台虎钳

1—底座　2—下牙板　3—上牙板　4—导板
5—丝杆　6—扳杆　7—支架　8—钩子

1）管子台虎钳及其底座固定要牢固。

2）丝杆与支架螺纹交接部应经常浇注润滑油，确保其转动灵活。

3）在转动扳杠压紧管子时不要在扳杠上套装加力管。

4）夹持较长的管子时，另一端应铺设管子支架。

5）应经常清洗虎牙，并防止虎牙挤偏。

（2）台虎钳　台虎钳是一种用来夹持工件，以便进行锯割、锉削、铲削等作业的工具，如图 2-45 所示。使用台虎钳时应注意下列注意事项：

1）使用时注意承载能力，防止过载损坏。

2）使用时要平缓加力，不可用冲击力。

3）不可用台虎钳夹持温度在 300℃ 以上的工件。

4）确保台虎钳螺纹部位及齿部清洁。

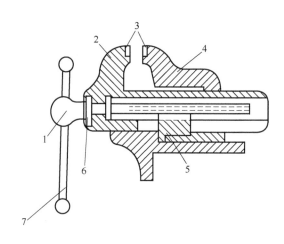

图 2-45　台虎钳

1—螺杆　2—活动钳体　3—钳口　4—固定钳体
5—螺母　6—固定环　7—拨杆

3. 熔接工具

燃气安装维修工常用熔接工具是熔接器。

如图 2-46 所示，熔接器是一种用于塑料管材熔粘连接的专用工具，它适用于热塑性塑料管材（如 PPR、PE、PB、PE-RT 等）的热熔承插式焊接连接。熔接器热熔头的型号一般有：DN20、DN25、DN32、DN40 和 DN50 等规格。

熔接器的使用方法如下：

1）根据所需管材规格安装对应的热熔头。固定熔接器后安装热熔头，确保小头朝外并用内六角扳手拧紧。

2）接通电源（注意电源线必须带有接地保护线），按相应型号机器的说明书注意指示灯变化情况，直到熔接器进入工作控温状态，才可开始操作。

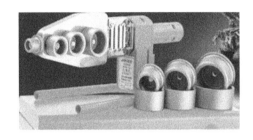

图 2-46　熔接器

3）将需要连接的管材和管件同时无旋转推进熔接器热熔头内，达到加热时间后立即把管材与管件从热熔头上同时取下，迅速无旋转地直接均匀插入到所需深度，使接头处形成均匀凸缘。

管材和管件的加熔深度和加热时间要求见表 2-4。

表 2-4　管材和管件的加熔深度和加热时间

外径/mm	加熔深度/mm	加热时间/s	保持时间/s	冷却时间/s
20	14	5	4	3
25	16	7	4	3
32	18.1	8	4	4
40	20.5	12	6	4
50	23.3	18	6	5

注：如操作环境温度低于5℃，加热时间要延长50%。

三、管路加装套管防护及防冻处理的基本知识

1. 管路加装套管防护

户内管穿过墙壁或楼板时，应加装保护套管（见图 2-47）；当户内管穿过承重墙、地板或楼板时必须采用镀锌钢套管。管道宜与套管同轴，套管内管道不得有接头（不含纵向或螺旋焊缝及经无损检测合格的焊接接头）。套管与墙壁、地板或楼板之间的间隙应用防水材料填实。套管与管道之间的间隙应采用密封性能良好的柔性防腐、防水材料密封。

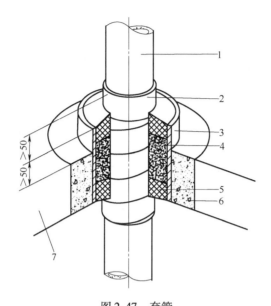

图 2-47　套管

1—燃气管道　2—防蚀布　3—钢套管　4—填塞材料　5—密封剂
6—防水功能水泥沙浆　7—楼板

安装套管时，应满足下列要求：

1）户内管不应设置在空心墙内的中空部分。当管道穿越空心墙壁时，必须采取最短的可行路线并设置在伸延整个墙身厚度的套管内。

2）穿墙套管的两端应与装饰后墙面齐平；穿楼板套管的上端宜高于最终形成的地面5cm，下端应与楼板底面齐平。

3）套管内的户内管必须进行防腐处理，以免受到侵蚀或磨损。若建筑工程完成前户内管仍未安装在套管内，则套管的两端应适当加以密封保护。

4）套管内的管道应包缠防腐布，防腐布需要从建筑物外的管道开始缠绕，以避免外墙部分管道上防腐布松脱。若采用的是非热镀锌管或管道没有保护层，必须在包缠防腐布前涂覆锌漆。

5）管道与套管之间的缝隙应用柔性防水、防腐材料填实，两端用防水材料密封。原来施工时一般填料为铅油麻绳，封口材料为沥青；现在一般使用发泡剂发泡密封。

燃气管与对应的套管尺寸关系见表2-5。

表 2-5　燃气管与对应的套管尺寸关系

燃气管直径/mm	DN10	DN15	DN20	DN25	DN32	DN40	DN50	DN65	DN80	DN100	DN150
套管直径/mm	DN25	DN32	DN40	DN50	DN65	DN65	DN80	DN100	DN125	DN150	DN200

2. 管路防冻处理

（1）水管的防冻 冷、热水管安装在最低温度接近0℃或低于0℃的地方时，管道需要使用保温材料进行保温处理，以防止水管被冻裂。

（2）热水器的防冻 燃气热水器一般安装在阳台处，与室外距离较近，如果没有做好防冻措施，严寒天气时，很容易出现水箱冻裂情况。

由于热水器有带防冻功能及不带防冻功能之分，所以在做防冻处理时必需分开对待。

1）无防冻功能热水器的防冻。

当低温来临时（最低温度接近0℃或低于0℃），建议对热水器进行排水防冻处理。排水防冻的方法和步骤如下：

① 关闭热水器上的燃气阀门和入户燃气总阀。

② 关闭热水器电源开关，拔下电源插头。

③ 关闭进水阀，打开出水阀。

④ 逆时针旋转并卸下水阀上的卸压阀及进水口排水螺栓（如为冷凝机型则需要将中和器排水栓也卸下）。

⑤ 静候10min，确认水完全排干后，装上和旋紧卸压阀及进水口排水栓（冷凝机型还要装好中和器排水栓），最后关闭所有出水阀。

2）带防冻功能热水器的防冻。

为确保防冻装置起作用，要保持热水器始终处于通电状态。当低温预报来临时（最低温度接近防冻功能最低温度），如果用户安装热水器的地方处于室外或者没有采暖措施，热水器必需进行排水防冻处理。

3）未入住或长期不住房间热水器的防冻。

当新房装修完暂不入住，或由于出差、休假、探亲等原因长期房间中无人居住时，热水器务必要进行排水防冻处理。

（3）热水器及进水阀发生冻结的应急措施 用户购买燃气热水器后，务必仔细阅读产品说明书，找到热水器的防冻方法。当热水器确实发生了冻结时，请勿在冻结的情况下继续使用，以免造成故障。此时可采取以下应对措施：

1）关闭燃气阀和进水阀。

2）将热水器控制面板上的电源开关切换为"关闭"状态，并打开出水阀。

3）时常打开进水阀，确认有水流出。

4）即使热水器能够出水，也应在切实确认热水器及管路无漏水之后再进行使用。

热水器在排水处理后已经起到防冻作用，但是进水阀因与水接触，受冻结冰的可能性较大，当水阀遇到冻结无法旋转时，可采用如下办法进行应急处理：

1）用毛巾裹住进水阀。

2）用 30～40℃ 的热水慢慢浇在裹着进水阀的毛巾上。

3）若进水阀（有流水声）可旋转，应关闭出水阀。

4）取下毛巾后，用干布将出水阀周围的水擦拭干净。

四、技能操作

（一）水管、燃气管材的切割、弯曲与连接

水管、燃气管安装操作主要包括根据现场实际情况进行管子的煨弯（管子弯曲）、下料（切割）、调直校正，以及按规范要求进行管道合理布局与连接等。

1. 水管、燃气管材的切割

1）选定恰当的水管及气管用管材，并分类摆放。

2）测量下料尺寸或根据图样数据，选定管材，测量并标注切口位置。

3）选定适合切割管材的切割工具进行切割下料，应保证切口平整。

4）在切割好的管材上做上安装位置标记。

2. 水管、燃气管材的弯曲

最适合现场弯曲操作的水管、燃气管材有铝塑管、不锈钢软管两种，PVC管也适合用于水管弯曲施工。

（1）水管用 PVC 管的弯曲　水管用 PVC 管因管壁厚且常用是 4/6 分管，宜采用热弯法进行弯曲操作。具体操作步骤如下：

1）往 PVC 管里灌满黄沙，再把需要弯曲的地方加热软化后用手弯曲使之成型。

2）待加热部分凉下来倒出黄沙即可。

（2）铝塑管和不锈钢软管的弯曲　铝塑管和不锈钢软管都属于塑性管，可以随意弯曲，但尽量不要进行 90° 弯曲，这样会对管子造成伤害。具体弯曲操作如下：

1）测量弯曲部位并做好标记，禁止在距离端头 10cm 范围内进行弯曲操作。

2）采用手动方法弯曲和整形，必要时要采用合适的固定工具配合操作。

3）安装时，适当对弯曲部位进行固定。

3. 水管、燃气管材的连接

水管、燃气管材的连接方式很多，一般有钎焊链接、螺纹连接、胶粘连接和熔粘连接等。煤气管道适合的连接方式只有钎焊链接和螺纹连接，水管常用的连接有螺纹连接、胶粘连接、熔粘连接。因此，选择连接方式应视用途需要和管材类型而定。管材连接操作步骤如下：

1）操作准备。根据现场可提供的管材类别，按照使用用途选定合适的连接管材和管件。

2）根据选定管材，选定合适的连接方式。

3）选择合适的工具，进行下料和接口加工，准备好连接辅料和连接用工具（如熔粘连接的加热器）。

4）根据连接方式，依据连接技术规程进行管材连接。

5）根据管长跨度等进行管路固定。

6）对管子连接质量进行检查与验收。

（二）使用弯头、三通、直管进行管路连接并固定管件

1. 布局设计

根据安装环境条件、管材类型和用户要求，设计合适和美观的管路走向布局。

2. 选择弯头和三通

根据布局方案确定弯头、三通的种类和数量。

3. 切割下料

测量管路节点距离，根据尺寸使用切割工具下料（直管）。采用螺纹连接时应用套丝机套制管螺纹。

4. 管件连接

根据材料选定合适的连接方式（螺纹连接、熔粘、胶粘等）并进行管件连接。

5. 固定安装

管件连接好后要进行固定处理。

6. 密封性测试

管路固定完成后要进行密封性测试。

（三）塑料管材熔粘连接

1. 下料

1）按照设计图样要求或现场布局方案，在管路走向的直线方向上，用辅助标志标出管件位置。

2）按照图样尺寸或测量数据下料，下料时要预留与弯头粘接的长度。

3）使用合适的固定工具将管材加以固定，然后正确使用钢锯、管子割刀等工具切割下料。

4）用锉刀将切口部位的毛刺清理干净，下料操作结束。

2. 熔粘连接

1）根据管路设计方案，找出弯头等管件连接件。

2）按照预先做好的加热长度/深度标志，无旋转地把管端和管件套入加热器加热管/套管内加热，应掌握好加热时间并观察管件、管材的加热程度，当热熔头上出现一圈 PPR 热熔凸缘时将其取出。

3）粘连操作。迅速无旋转地将管件直线均匀插入到所标深度，使接头处形成均匀凸缘，待冷却后粘连结束。如发现粘连深度不到位，在凝固前迅速采用推拉法校正深度，但严禁旋转。

（四）铝塑管连接

1）测量安装尺寸并确定下料长度，使用管子割刀进行下料操作。注意预留套接余量。

2）使用卡扣式接头时应先安装好一个端头，细调管子长度后再安装另一个端头。

3）将接好端头的连接管两端分别连接到连接口上。

4）连接完毕后，需采用肥皂水检漏或用开水查漏，还应用手拉法检查连接的牢固性，最好根据管长跨度打码固定连接管。

（五）波纹管连接

1）根据燃气具负荷选择合适管径的波纹管（一般家庭是选用4分管）。

2）根据灶具和灶前阀的接头类型和连接距离，选择合适规格长度对应接头的波纹管。也可根据这个原则自制连接管。

3）关闭用户气源，检测波纹管两端螺母内是否装有橡胶密封圈。

4）先连接燃气具连接端，再连接进气阀门端，然后用扳手拧紧。

5）安装完毕后，用少量肥皂水涂在连接处进行检漏操作。

（六）管路防护及防冻处理

1）对需要穿墙和穿楼板的线管要加套管进行防护。根据套管的加装要求加装套管并加以密封，然后根据套管的安装规程进行安装和填实操作。

2）在气温较低的地方，特别是北方地区，要用棉麻织物、塑料、泡沫、保温棉等物体对水管进行包缠处理，即在水管外包裹一层保温层，这样可以起到防冻保温作用。

3）遇到管路冻结时，应采用合理的应急措施来进行解冻处理，以便恢复管路的使用。

◇◇◇◇ 第三节　安装维修咨询服务

一、燃气具现场安装基本要求

1）开始工作前，首先应向用户解释清楚工程性质及工作程序。

2）搬运燃气具、管道及工具时要小心避免碰损门扇、墙壁或地板；需要使用攻丝机时，应尽量将其放置在门口或走廊处，并垫上纸板以免油污滴在地面上。若电钻或攻丝机需要接上房间为电源时，应事先征得用户的同意。

3）入户服务时应尊重用户的隐私，非经用户同意，不得进入与服务项目内容无关的场所。当需要进入其他房间时，应在用户带领下方可进入。

4）若工作场所内摆放有贵重物品，应先要求用户收拾完毕再进行施工操作。

5）应保持良好的工作习惯；严禁在工作场所内吸烟、听收音机或戴上耳机；更不可赤身露体工作。

6）若用户家里正进行装修而用户又不在现场，应与在场的装修主管协调施工程序；有需要时应与用户直接联络。必须有用户的授权，工作单方可由装修公司代为签署，如工作单确定由装修公司签署，应在工作单上注明"装修公司代签"字样。

7）借用用户通信设备或洗手间前，必须征得用户同意；而当通过实时工作报告系统汇报工程进展时，也应告知用户以免产生误会。

8）必须保持工作环境干净整洁，并对废弃物进行适当处理。

9）与用户交谈时要友好；对用户的咨询要耐心聆听，并详尽回答；不论何种情况下均不应与客户理论。当因工程问题而与用户产生误会，而用户又不接受解释时，应及时向主管报告以便适当处理。

10）必须配备所有适当的安全装备，如手套、安全带、眼罩等。

11）在安装燃气具及管道前，必须与用户核对燃气具的型号及安装位置；燃气表、燃气管道与冷、热水管在定位前要征询用户意见。管道的安装要以安全、优良工艺及美观作为主导。

12）所有原有管道、燃气具或燃气表在连接新管道前均要用压力计进行气密性测试，以确保绝对气密；至于燃气表阀接口及燃气表阀前的燃气设施，则应用检漏仪进行测试。

13）安装热水器前，应先测量水压与水管流量。若测试结果低于热水器所需标准，应坦诚告知用户，并提出改善方案，如加装水泵或更换输水管等。若用户不介意低水流量，则仍可以进行安装，但应注意现有的操作水压不能低于该热水器所需的最低操作水压。工程完成后，必须将低于标准的水压记录在工作单上，并请用户在旁边签字确认；而此水压数值也要填写在特定的表格内以供核查及档案存放。

二、燃气具维修服务基本要求

（1）维修前的准备工作　了解维修工单相关信息，如燃具种类、故障现象等。如有疑问应与用户沟通了解，然后准备好工具及相关设备，并备齐配件和辅材。

（2）再次与用户核对确认维修信息　维修操作前应先对燃气系统进行气密

性检查，确保无漏气问题，如发现漏气应告知用户并先行排除。

（3）规范维修作业　在维修过程中，必须按技术规程和安全要求进行操作，力求一次成功修复；如需要更换零配件，必须先向用户说明更换理由，并出示配件价目表，告知用户支付方式。在征得用户同意后，方可进行换件作业。严禁使用用户提供的零配件。

（4）修复后的确认　维修完毕，当着用户面再次检查气密性，确认无泄漏；操作燃具并确认故障得以排除；清理工作现场；详细填写工单（故障原因、维修方法、更换配件、保养清单、收费情况等）并请用户签字确认。

（5）无法现场解决的处理措施　维修中遇到无法现场解决的难题需要带回处理时，应向用户说明并致歉，并为用户提供备用燃具。

（6）燃气具超过判废年限的处理措施　当确认用户燃具已超过判废年限而不予维修时应向客户解释原因，同时提供燃具更换途径。

（7）燃具判废期限、保修期限的界定　零售用户应以燃气具购买发票日期为依据确定。对团购用户，若用户取得单独燃气具发票的，应以发票日期为依据确定；若没有发票的，应以项目交付日期为依据确定。

（8）工单信息的处理　维修工作结束后应及时将工单交相关人员录入系统。

三、燃气具使用年限基本知识

现行国家标准《家用燃气燃烧器具安全管理规则》（GB 17905—2008）规定，家用燃具的使用年限如下：

1）使用人工煤气的快速热水器、容积式热水器和采暖热水炉的判废年限应为6年。

2）使用液化石油气和天然气的快速热水器、容积式热水器和采暖热水炉的判废年限应为8年。

3）燃气灶具的判废年限应为8年。

4）燃具的判废年限有明示的，应以企业产品明示为准，但是不应低于以上的规定年限。

5）上述规定以外的其他燃具的判废年限应为10年。

6）燃气热水器等燃具，检修后仍发生如下故障之一时，即使没有达到判废年限，也应予以判废：

①燃烧工况严重恶化，检修后烟气中一氧化碳含量仍达不到相关标准的规定。

②燃烧室、热交换器严重烧损或火焰外溢的。

③检修后仍漏水、漏气或绝缘击穿漏电的。

四、技能操作

1. 向用户说明安装规范

燃气具的安装应符合《家用燃气燃烧器具安装及验收规程》（CJJ12—2013）中的规范要求。可分别向用户介绍灶具及热水器的安装规范要求。

（1）灶具安装操作　灶具安装操作步骤如下：

1）打开记录单，填写用户到访记录。

2）向用户说明安装规范及相关依据。具体内容如下：

① 安装时要距离可燃物 150mm 以上。

② 若安装位置上方有木制品或易燃悬挂物，要求这些物品距离灶具 1000mm 以上。

③ 燃气灶具的灶台高度不宜大于 800mm；燃气灶具与墙壁净距离不得小于 100mm，与侧面墙壁的距离不得小于 150mm，与木质门窗及木质家具的净距离不得小于 200mm。

④ 嵌入式燃气灶具与灶台连接处应做好防水密封，灶台下面的橱柜应根据气源性质在适当的位置留出总面积不小于 80cm² 的且与大气相通的孔洞。

⑤ 灶具与电气设备、相邻管道的最小水平距离需符合表 2-6 要求。

表 2-6　灶具与电气设备的净距离规范

名　称	与燃气灶具的水平净距离/cm	与燃气热水器的水平净距离/cm
明装的绝缘电线或电缆	30	30
暗装或管内绝缘电线	20	20
电插座、电源开关	30	15
电压小于 1000V 的裸露电线	100	100
配电盘、配电箱或电表	100	100

（2）热水器安装操作　热水器安装操作步骤如下：

1）选择热水器安装环境并确定安装位置。

2）向用户说明安装规范及相关依据。

3）拆机检查随机辅件是否齐全。

4）确认用户气源和产品所需气源匹配一致。

5）检测电源电压是否符合要求。

6）检测水压是否符合产品说明书的规定。

7）钻削挂架孔。

8）安装挂架和防倒风管（对配防倒风管机器而言）。

9）安装烟管和冷热水及燃气管。

10）检测各接头的气密性并调试机器。具体操作步骤如下：

① 将燃气具前燃气阀打开并通入检测气体，用发泡剂或测漏仪检查燃气管道和接头，不应有漏气现象。

② 打开自来水阀和燃气具冷水进口阀，关闭燃气具热水出口阀，目测检查自来水系统，不应有渗漏现象。

③ 按照燃气具使用说明书中规定的要求，使燃气具运行，燃烧器燃烧应正常，各种阀的开关应灵活，安全及调节装置应可靠。

④ 确认燃气具燃烧工况正常；烟气排放规范；水温正常；各项控制、调节、保护功能有效。

2. 向用户说明使用规范及注意事项

接待用户并向用户说明以下使用规范及注意事项：

1）正确使用燃气器具的方法：如使用燃气时，相关人员不得离开。

2）防范和处置燃气事故的措施：每次燃气具使用完毕，应关闭燃气器前阀；保持室内通风；保证室内燃气设施有足够的安全间距；当怀疑有燃气泄漏时，开窗通风、扑灭火源、禁开关电器，并于室外安全处拨打抢修服务电话等。

3）保护燃气设施的义务：如不能在燃气设施上悬挂杂物，燃气器具周围不能存放易燃物品，燃气阀周围不能堆放杂物，不能私改燃气设施等。

3. 聆听用户描述及填写维修记录

1）细心听取和了解用户的需求，用规范、准确的语言回答用户的咨询内容，主动帮助并引导用户解决问题。

2）在与用户沟通过程中不得打断客户的讲话，当需要中止沟通时，应巧于中止交谈。在处理用户意见时，若因服务问题引起用户产生不愉悦情绪时要主动道歉。

3）每一次现场安装维修服务都必须留存工作记录，包括技术员姓名及资料、上门日期及时间、工作详情、用户签收等。

4. 与用户核查和登记故障

严格按照燃气燃烧器具安全管理制度服务，逐项核查和登记故障并与用户认真核对，若是需要维修服务的，应判明故障，精心维修，施工材料、用具不乱摆放，认真调试，对用户的疑问要耐心讲解。

5. 解释到达报废使用年限而进行更新的必要性

1）达到报废使用年限的燃器具超期使用时，将存在极大的安全隐患。

2）燃气灶具长时间使用除了部件老化外，火盖及缝隙中还会积存大量焦油、污垢等杂质，导致打开燃气具时就会产生异味，影响室内环境。同时，老旧灶具点火燃烧时一氧化碳容易排放超标，在厨房相对狭小的空间内，会导致相关人员吸入过多的毒气而出现眩晕、恶心等不适反应。更重要的是，那些老化、变形的零部件及橡胶管还极易导致回火、熄火和燃气微漏等危险，可能引发严重火灾事故。

3）燃气热水器超期使用时将不可避免地会出现很多部件老化的情况，进而导致产品性能衰退，主要表现在以下几方面。

① 热水器热效率降低且耗气量大幅提高。

② 热水器结垢严重，致使换热速度减慢，甚至可能发生爆炸事故。

③ 燃烧器结灰、喷嘴堵塞，不易打火，易引发燃烧不完全，CO 中毒事故。

④ 若安全装置老化失效，将存在燃气泄漏爆炸及烫伤等安全事故。

⑤ 燃气热水器检修后仍有"燃烧工况严重恶化"，排放的烟气中 CO 含量达不到要求。

复习思考题

1. 安装维修服务中主要用到的工具和检测仪器有哪些？

2. 常用安装维修工具及仪器设备有哪些使用与保养要求？如何准备所需的工具和物品？

3. 燃气具安装使用的管材及辅材有哪些品种？其功能及性能特点是什么？如何选用？

4. 天然气灶具和热水器的使用年限各是多少？

5. 如何应对用户的咨询服务？

第 三 章

燃气具安装维修检测

培训学习目标 熟悉各类燃气具对安装和使用条件的要求，掌握适用于安装的评估方法；熟悉安装维修验收规程，掌握燃气具安装过程的验收方法。

◈◈◈ 第一节 燃气具安装条件及检查

一、燃气具安装要求

燃气具在使用中会产生明火或高温，因此需要有一个相对安全的使用环境。同时也要考虑到燃气管道安装的可行性、水管连接的方便性等因素。因此，燃气具的安装需要满足一定的环境条件。

1. 空间条件要求

（1）严禁安装燃气具的房间和部位

1）卧室、地下室。

2）楼梯和安全出口附近（5m 以外不受限制）。

3）易燃、易爆物品堆存处。

4）有腐蚀性介质的房间。

5）电线及电气设备处。

（2）可安装燃气具的房间和部位

1）厨房。

2）非居住房间。

3）室外、外廊、阳台（均应有防风、雨、雪的设施）。

（3）对安装燃气具房间的要求 燃气具应安装在房间高度不低于 2.2m 的专

用厨房内，且确保有良好的自然通风及采风条件。

2. 换气条件要求

（1）使用燃气灶具的房间应装有以下任一种排气设备

1）灶具上方带烟罩的排气筒。

2）灶具上方的抽油烟机。

3）排气扇。

（2）燃气热水器及排烟管的安装要求　安装燃气热水器及排烟管时必须严格按照说明书中规定的要求安装，且符合以下要求。

1）安装热水器的房间应设置给排气口。

2）排烟管不得安装在楼房的换气风道内。

3）给排气部件应采用与热水器配套的配件。

4）给排气口应设置在与大气相通的墙壁上。

5）给排气口周围应无妨碍燃烧的障碍物。

3. 防火与隔热条件要求

1）在易燃烧材料、难燃烧材料建造的墙壁或地面上安装燃气具时，应采取有效的防火隔热措施。

2）燃气具安装在接近卧室的房间或厨房时应有门与卧室隔开。

3）燃气具正上方不应有明设的燃气通道、电线及易燃物。

4）安放燃气具的厨柜应使用耐火材料，嵌入式燃气灶具与厨柜壁应保持一定的距离。

5）燃气具与可燃的墙壁、地板和家具之间应设耐火隔热层，隔热层与可燃的墙壁、地板和家具之间的距离应大于10cm。

二、燃气具安装前的检查及注意事项

1）产品检查

① 查看产品包装箱，外观应完整，标识清晰，干燥、无破损。

② 核对外包装箱侧标签是否与产品一致。

③ 产品型号是否与用户所购买的产品型号一致。

④ 燃气气源是否与用户使用的气源匹配，若气源不匹配，则不能安装。

2）查看安装燃气具的台面或墙面是否已完工。

3）查看安装处的供水、供气、供电条件是否到位。

三、燃气具安装条件评估及注意事项

1. 安装位置评估

（1）燃气灶具

1）根据抽油烟机的安装位置，确认灶具的安装位置，灶具应安装在抽油烟机的正下方。

2）灶台的检查

① 根据燃气灶具底盘的大小或开孔尺寸样板检查灶台上的开孔区域，且保证底壳与面板均匀受力。

② 灶台的开孔深度必须保证灶具安装后燃气管排布不与底壳产生干涉，燃气管不能紧贴于底壳，如图 3-1 所示。

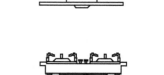

图 3-1　台面开孔示意图

③ 燃气灶具的灶台高度不宜大于 80cm，燃气灶具与墙净距不得小于 100mm，与侧面墙的净距不得小于 150mm，与木质门、窗及木质家具的净距不得小于 200mm，如图 3-2 所示。

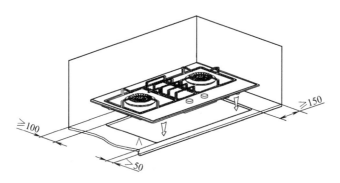

图 3-2　灶具安装位置示意图

④ 安装灶具的台面必须平整且能承受灶具的重量。安装后，灶具与面板贴合平稳，且连接处理应做好防水密封。

3）燃气灶具下面的橱柜侧面应预留 15cm² 的通风口，以便于燃气灶具通风与及时发现燃气泄漏问题。通风口预留示意图如图 3-3 所示。

（2）燃气热水器

1）燃气热水器不宜暗装，而且严禁安装在卧室、客厅以及浴室。其安装位置必须具备良好的通风条件。

2）安装燃气热水器的房间净高不应低于 2.2m。燃气热水器的安装位置应考虑到电源、水源、气源的位置，出水管路尽量短。

3）为便于日后更换、移动、拆卸，燃气热水器的安装位置必须预留出一定的空间。

4）燃气热水器应安装在能够看清机身参数铭牌，便于维修、保养及观察火焰以及不易被碰撞的地方。

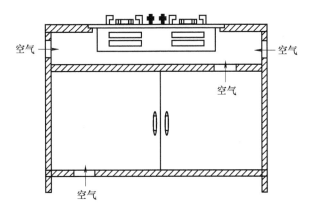

图 3-3 通风口预留示意图

5）避免将燃气热水器安装在噪声及排放的热气流会烦扰相邻住户的地方。

6）安装位置的下方建议设有地漏，如无地漏，则每次使用完热水器后必须关闭进出水阀门，以免因温度过低冻裂水管，或管路老化、自动泄压、腐蚀等漏水造成用户其他损失。

2. 供气条件评估

1）检查燃气具安装位置是否设有燃气管路，以及燃气表显示供应参数是否正常。

2）确认燃气气源的种类及供气压力，并核对产品参数铭牌上的使用气源和压力是否一致，不一致时不能安装。

3）灶具与燃气管的连接应符合以下要求：

① 灶具前的供气支管末端应设有专用手动快速式切断阀，切断阀及灶具连接用软管的位置应低于灶具台面 30cm 以上。

② 使用的燃气管的内径应与供气支管接头的类型和尺寸相匹配，并且有可靠的防脱落措施。

3. 供电条件评估

1）对电源插座位置的要求：燃气具电源插座应独立专用，并应固定在不会产生触电危险的安全位置，电源插座与灶具的最小净距应为 30cm，与燃气热水器的最小水平净距应为 15cm。

2）电源应满足的要求：

① 安装插头的配电系统应有接地线，与燃气具连接的开关不应设置在有浴盆或沐浴设备的房间，插头、插座应通过相关认证。

② 安装燃气热水器时必须要有独立的插座及可靠接地措施，否则严禁安装。

③ 燃气热水器所用电源应为频率为 50Hz、电压额定值在 85%～110% 范围

内的单相220V交流电源。

④ 电源插座应置于干燥且不会被喷溅的地方，如果水可能喷溅到，必须有防水措施。

4. 供水条件评估

1）检查安装处水路的供水压力，只有供水达到一定流量或水压时，燃气热水器才能起动。

2）对于水压较低的用户，检测其流量或水压是否足够，必要时应建议用户安装增压泵。

3）当用户水压过高时，建议配备减压阀。

4）对于经常出现水压波动的场所，要在管路中安装稳压阀。

5. 排烟条件评估

1）排气管不得安装在楼房的换气风道及公共烟道上。

2）排气管与墙体之间应密封，穿过可燃材料墙壁时，需用阻燃材料隔离。

3）排气管出口与周围障碍物的位置关系应满足相关要求。

4）受安装位置限制，需要延长排气管时，延长管的内径不得小于标准配置排气管，且排气管中间部位必须加以支承。

四、燃气具产品适用性检查

1）产品外形美观大方，易于清洁，操作简单灵敏，运行安全可靠。

2）燃烧器燃烧性能稳定、效率高，火力和档位显示清晰。

3）各功能参数显示精确、可靠，数值的重现性较好。

4）产品耐用，使用性能稳定，各水气管路密封性良好。

5）各零部件化学性质稳定，不易氧化、生锈、腐蚀等。

6）产品耐运输，不易变形。

7）产品外包装质量较好，不易破损。

8）产品耐振动，零部件不易松动。

9）产品承压能力好，不易变形。

五、燃气具产品附件完好性检查

（1）检查燃烧器（包括内外环火盖、分火器及装饰盖）

1）检查各部件外观是否有裂痕、掉漆、变色、划痕等。

2）检查各部件与整机配件是否平整、牢靠，如出现松动、变形、移位等现象。

（2）检查辅助配件　辅助配件包括锅支架、奶锅支架等。检查支架是否断裂、变形，与盛液盘或燃烧器配合是平稳，有无晃动或不平等现象。

（3）检查气路部件　气路部件包括减压阀、角阀、燃气管、管箍等。检查各配件外观是否完整，连接处有无破损现象；连接处密封胶垫是否完好，有无破损和变形现象等。

（4）检查水路部件　包括角阀、波纹管等。检查各配件外观是否完整，有无破损，连接处密封垫是否完整，有无损坏或变形。

（5）检查排烟部件　包括排烟弯管、排烟直管、防倒风管等。

1）检查各部件外观是否完整，有无变形或生锈腐蚀等现象。

2）检查各部件配合是否紧密，配合面有无缝隙。

（6）检查电源附件（包括电池等）

1）检查电池外观有无变形或漏液等现象。

2）检查电源适配器外观有无损伤、变形现象，电源线是否开裂等。

六、技能操作

1. 确认产品包装箱内产品和附件与装箱单一致，产品无损坏

1）查看包装箱侧标签，核对产品型号与用户所购型号是否一致。

2）打开包装箱，查看产品装箱清单，核对产品配置的附件及数量与装箱清单是否一致。

3）检查各附件，应无变形、无开裂、无弯折等现象。

4）打开整机包装袋，检查产品整机外观。

① 底壳或背面板材应无变形、无掉漆等现象。

② 面板或面壳应无变形、无掉漆、无变色、无起皮、无破损等现象。

③ 进水、进气接头应安装牢靠，无变形、断裂或松动等现象。

④ 排气出口应安装牢靠，无变形或松动等现象。

⑤ 参数铭牌应完整，各配置参数应清晰可见。

⑥ 出厂编码应完整清晰。

2. 确认产品型号、规格与用户要求一致

1）核对购机凭证上的产品型号与产品参数铭牌上的型号是否一致。

2）确认产品参数铭牌标示的气源种类与用户实际使用的气源类别是否一致。

3）确认灶具的额定燃气压力是否与安装场所燃气压力一致。

4）确认产品额定热负荷是否与用户的使用要求一致。

5）确认产品额定产热水能力是否与用户的使用要求一致。

3. 确认燃气气种、燃气压力、供水压力、电源等与产品相匹配

（1）燃气气种的确认　与用户确认安装场所使用的燃气气源（天然气、液化石油气或人工煤气），并与用户讲解不同的燃气种类，其化学成分不一致，气源设计参数也不一致。如果气源不匹配，则不能安装。

（2）燃气压力的确认　使用燃气压力计测量安装位置供气支管的燃气压力，并确认是否符合产品燃气压力要求。

（3）供水压力的确认　使用水压压力表测量安装位置供水支管的供水水压，并确认是否符合产品适用的水压范围。

（4）供电电源的确认　检查电源插座结构是否与待装燃气具电源插头匹配，使用万用表测量安装场所使用的电源插座是否符合产品额定电压要求，且使用交流电Ⅰ类的，应可靠接地。

4. 确定安装场所的通风换气、燃烧废气排烟管等安装条件符合安装要求

（1）通风换气条件

1）检查通风换气结构，应不受外部因素的影响，否则会导致变形或换气不通畅通。

2）检查安装位置是否设置进气口，且进气口位置应符合说明书中规定的要求。

3）检查安装位置是否有排气扇等通风设备。

（2）燃烧废气排烟管条件的评估

1）检查排烟出口的口径是否与待装产品烟管直径匹配。

2）检查安装位置的空间条件是否满足烟管安装的规格。

3）检查排烟出口，应无易燃物品或遮挡物。

4）检查排烟通道，应不与换气通道或公共烟道相通。

5）排烟口应尽量避免安装在风压带内，与周围建筑物及其开口的距离应不小于600mm。

◇◇◇ 第二节　安装过程检测

一、燃气具在承重位置安装的基本要求和规定

1. 燃气灶具

1）安装燃气灶具的台面必须能够承受燃气灶具的重量。

2）在采用嵌入式安装时，必须严格按照说明书中安装位置、开孔尺寸的要求开孔，开孔尺寸的大小要适中，不能造成台面对整机挤压或使面板承受灶体重量，特别是玻璃面板燃气灶具，安装玻璃面板燃气灶具时要注意面板四角不要受到硬物碰撞。

3）安装位置必须平整，确保燃气灶具安装后平稳及燃气灶具与灶台之间的密封。

2. 燃气热水器

1）安装燃气热水器的墙面和地面应有足够的支承强度，能够承受所安装燃气热水器的重量。必要时应采取加固或防护措施，以确保燃气热水器的安全运行和人身安全。

2）安装燃气热水器的地面和墙壁应为不燃材料，当地面和墙壁为可燃或难燃材料时，应设防火隔热板。

二、安装过程中安全性检测的主要项目和要求

1. 安装位置承重能力的检测

要求在安装过程中能够通过对承重位置的评估和判断，确保安装位置的承重能力能够满足所装产品的要求。

2. 安装环境周边的安全性检测

要求在安装过程中通过观察，检测燃气具安装环境一定范围内是否存在可燃物、腐蚀气体、电气设备等。

3. 燃气具与燃气管道、水管连接部分的检测

要求在连接完气路和水路后对各个连接部分和胶管部分进行气密性和是否漏水的测试，要求会使用肥皂水对气路连接气密性进行检查。

4. 燃气具固定部分的检测

要求在安装过程中对燃气具的固定部分进行检测，固定应牢固，应耐振动，不应产生倾斜、破损或安装故障。

三、技能操作

1. 确认整机安装在承重位置

1）测量安装台面或墙体厚度，保证整机安装后，产品固定牢靠。

2）检查墙面空鼓或空心，要用一把小锤子或硬质木棒敲击墙面，从发出的声音判断墙面或台面是否出现空鼓情况。如果出现墙面空鼓或空心，则不能安装。

3）安装机器挂钩后用拉力计测量挂钩承受机器 3 倍以上重量的拉力后的情况，应不松动、不移位。

2. 确认燃气管道与可燃物、电线、明火的安全距离

1）燃气管与可燃物、电线之间的最小水平净距离应不小于20cm。

2）燃气管上方20cm 内不应有可燃物或明火。

3）燃气管下方不应有燃气具或其他可能会产生明火的设备。

4）燃气管左右侧与明火之间的最小净距离应不小于50cm。

3. 确认安装场所电源连接安全

1）用万用表测量用户家的电源电压、频率是否符合要求。

2）用电源检测仪（见图3-4）检查安装位置的电源插座接地情况，当检测到"缺地线""缺零线""相零反"等情况时，要求用户整改，否则不能安装。

图3-4　电源检测仪

复 习 思 考 题

1. 不同种类的燃气灶具、燃气热水器都有哪些安装条件和要求？为什么？

2. 如何通过包装箱、产品铭牌、说明书等，来判定用户条件是否适合安装？

3. 用户已购买一台非平衡式燃气热水器，打算安装在浴室，如何确定是否适合安装和改变用户初衷？

4. 如何根据用户的住房条件，规划合适的安装位置？

第 四 章

燃气灶具安装

培训学习目标 熟悉燃气灶具安装的技术要求，掌握燃气灶具的安装、调试和使用方法。

◈◈◈ 第一节 燃气灶具、附件及管路安装

一、燃气灶具台面制备的技术要求

燃气灶具是家庭使用最为频繁的烹调用具，在使用时需要承接来自炊具和食物的重量和人的撞击力，因此对安放燃气灶具的台面要有承重能力、水平度、平整度、耐火耐热以及耐用耐腐蚀等方面要求。

由于家庭装修风格的多样化和装修材料的多样性，选做灶具台面的材料也是多种多样，其中最常见的灶具台面有瓷砖台面、混凝土台面、花岗岩石台面、人造石/石英石台面、不锈钢台面、防火板台面、木板台面等。因此，选择灶面材料也是因人而异。

在制备燃气灶具台面时，首先考虑的是台面材料的安全性和耐用性要求，其次考虑台面长宽尺寸是否能满足燃气灶具安装要求，最后才考虑台面高度和燃气灶具摆放位置的选择，尽量满足用户的使用习惯和舒适性要求以及节省安装材料。

燃气灶具台面制备的技术要求如下：

1）燃气灶具台面应采用不燃或难燃材料制作。当采用难燃材料时，应铺设防火隔热板。当安放燃气灶具的相邻墙面为可燃或难燃材料时，应在墙面铺设防火隔热板或在灶与墙面间架设防火隔热板。

2）不能在室内净高低于 2.2m 的厨房内制备燃气灶具台面，防止用户在不合格的空间使用燃气灶具。

3）台面的长宽尺寸要能确保放置的燃气灶具与墙面、木质家具等有足够的净距离，要符合《住宅设计规范》（GB 50096—2011）的要求。确保燃气灶具与墙面的净距离不小于 10cm，灶具与木质门窗、家具、墙面等的净距离不小于 20cm。

4）台面整体应能承受 100kgf 的载荷，且其在 100kg 的载荷作用下变形量应小于 3mm。

5）台面应有一定的平整度和水平度，保证安放在台面上的燃气灶具不晃动、不倾斜，嵌入式灶具的面板应与台面间严密贴合不漏水。

6）嵌入式燃气灶具嵌装孔的开孔位置、形状、大小等要与安装的燃气灶具相匹配，使得燃气灶具安放后与周围的净距离符合相关规定，使燃气灶具安装后既有位置的调整余量，也能保证燃气灶具面板在极限位置上不漏缝。

7）嵌入式燃气灶具的底部自由空间应大于 40cm。

8）燃气灶具台面高度应便于操作，台式燃气灶的灶台高度宜为 70cm，嵌入式燃气灶的灶台高度宜为 80cm。

9）嵌入式燃气灶具台面下的橱柜应开设通气孔，通气孔的总面积应根据灶具的热负荷确定，宜按每千瓦热负荷取 $10cm^2$ 计算（$10cm^2/kW$），且不得小于 $80cm^2$。

二、燃气灶具附件的种类及安装技术要求

一般的燃气灶具在包装箱里都配有锅支架、奶锅支架、燃气软管（金属软管/橡胶软管）、燃气管抱箍、说明书、保修卡等附件，脉冲式点火灶一般还配有干电池，嵌入式燃气灶具还带有嵌入开孔卡板，使用交流电的燃气灶具可能配有电源适配器，集成灶还配有排烟管、出风口止回阀等，液化气灶可能还配备了减压阀等。总之，不同厂家生产的燃气灶具的附件有一定差异，但锅支架、燃气管卡箍、说明书、保修卡等是必备配置。

下面重点介绍锅支架、奶锅支架、燃气管卡箍、烟管、出风口止回阀、减压阀等附件的安装技术要求。

1. 锅支架及奶锅支架的安装

锅支架一般是按燃气灶具炉头个数配备的，也有多头连体组成的，形状多为圆形和方形两种（见图 4-1）。支架的爪数多为 4 爪和 5 爪，大型支架为 6 爪。为配合燃气灶具的整体造型和坐锅的平稳性，正方形支架一般采用 4 爪设计，长方形的大型支架一般采用 6 爪设计，圆形支架一般采用 5 爪

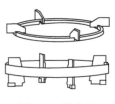

图 4-1　锅支架

设计。

锅支架的材质和表面处理工艺多样，使用最普遍的材质有铸铁、不锈钢、冷轧钢。冷轧钢材质的支架表面一般进行搪瓷（亮光和亚光两种）和电镀防腐处理。

锅支架的安装其实比较简单和容易。一般厂家为了燃气灶具布局的美观和减少支架爪与火焰间的接触，减少接触性黄焰产生，在支架的底部做了定位卡槽。因此，在安放锅支架时，只要对准定位卡槽轻轻放入或推入即可。但是，需要注意的是，摆放锅支架时要轻摆轻放和尽量水平放入，避免支架直接触碰燃气灶具面板而导致刮花面板。

奶锅支架（见图4-2）是针对小于或等于 $\phi100mm$ 的平底锅使用的，一般厂家的设计是将奶锅支架搭载在火盖上使用，按说明书的指引放在凸起的槽架上即可。奶锅支架在普通家庭一般很少使用。应注意的是，使用标配锅支架时务必拿走奶锅支架，避免在大火时产生接触性黄焰。不用时，应将奶锅支架擦洗干净并保存好。

2. 卡箍的安装

卡箍是用来紧固燃气管道，防止泄漏和脱落的常用五金件，如图4-3a所示。安装这种配件比较简单，先将卡箍穿在燃气软管上，再将软管安装到位，将卡箍移到距软管端口 3～5mm 的位置，并用螺钉旋具将卡箍上的松紧调节螺钉拧紧即可，切忌过度用力造成螺纹失效。燃气软管连接好后需用肥皂水或压力计检验是否漏气。

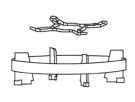

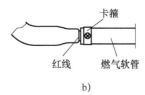

a) b)

图 4-2 奶锅支架　　　　图 4-3 卡箍
　　　　　　　　　　　　　　a）卡箍 b）卡箍连接

三、燃气灶具安装的技术要求

1）燃气灶具应安装在通风良好的非居住房间内，布置燃气灶具的厨房应装设一道门，将其并与卧室、起居室等隔开，而且房间净高不应低于 2.2m。

2）使用液化石油气的燃气灶具不应设置在地下室和半地下室，使用人工煤气、天然气的燃气灶具不应设置在地下室。当燃气灶具设置在半地下室或地上密封房间时，应设置机械通风、燃气/烟气（一氧化碳）浓度检测报警等安全设施。

3）安装配套环境检测装置时，应检查包括供电状况与燃气状况是否符合说明书与铭牌上规定的要求。

4）燃气灶具上方应有排风装置，燃气管路的方向应符合《家用燃气燃烧器具安装及验收规程》（CJJ12—2013）中的相关规定。

5）燃气灶具不应安装在有易燃物品堆放的地方，不应安装在有腐蚀性气体和灰尘较多的地方，不应安装在对其他燃气设备或电气设备有影响的地方，不应安装在不易安装和检修的地方。

6）燃气灶具与墙面的净距不应小于10cm，燃气灶具与对面墙之间应有不小于1m的通道，燃气灶具与可燃墙壁之间应采取有效的防火隔热措施，在燃气灶具周围1m范围内不得有可燃性物质。

7）燃气灶具的灶面边缘侧壁距金属燃气管道的水平净距不应小于30cm，距不锈钢波纹软管（含其他覆塑的金属管）和铝塑复合管的水平净距不应小于50cm，距木质门、窗、家具的水平净距不得小于20cm，与高位安装的燃气表的水平净距不得小于30cm。

8）采取有效的措施后可适当减小净距。

9）燃气灶具正上方1m内不应有明设的燃气管道、电线及易燃物。安装燃气灶具的台面应使用不燃材料，当使用难燃材料时应采用金属防热板隔热。与燃气灶具相邻的墙面应采用不燃材料，当为可燃或难燃材料时，应设防火隔热板。

10）当2台或2台以上的燃气灶具并列安装时，灶与灶之间的水平净距不应小于50cm。

11）燃气灶具前的供气支管末端应设有手动快速式切断阀，切断阀处的供气支管应采用管卡固定在墙上。切断阀及燃气灶具连接用软管的位置应低于燃气灶具灶面3cm以上。

12）软管宜采用螺纹连接。

13）当金属软管采用插入式连接时，应有可靠的防脱落措施。

14）当橡胶软管采用插入式连接时，插入式橡胶软管的内径尺寸应与防脱接头的类型和尺寸相匹配，并应有可靠的防脱落措施。

15）橱柜台面开孔时应按照说明书的规定尺寸进行。

16）燃气灶具下面的橱柜侧面应预留150mm×150mm的通风口，以便于燃气灶通风与及时发现燃气泄漏问题。

17）燃气灶具宜用专用燃气胶管连接，其长度不得超过2m，尽量避免采用中间对接加长的气管，避免增加漏气的风险和降低燃气压力损失。对于无法避免的对接，对接时务必使用合格不漏气的对接头，并用卡箍将两端加以固定，同时检测连接后的气密性，确保不漏气后方可使用。连接燃气胶管时不能弯折压扁，为保证气管的严密性，不准穿越墙面或地面使用，胶管套入燃气灶具接头处时应超过红线并将两端用卡箍加以固定。

18）当使用管道燃气时，宜用不锈钢波纹软管连接。

19）燃气灶具连接用软管的设计年限不宜低于燃具的判废年限，燃具的判废年限应符合现行的国家标准《家用燃气燃烧器具安全管理规则》（GB 17905—2008）的规定。对不符合要求的燃具连接用软管应及时更换。

20）使用钢瓶液化石油气时应符合《液化石油气钢瓶》（GB 5842—2006）的规定，钢瓶使用的环境温度为 - 40 ~ 60℃，气瓶与燃气灶具的净距不应小于 0.5m。

21）燃气灶具安装完毕后应将产品表面覆膜材料撕除。

22）燃气灶具与燃气连接管安装后应检验严密性，在工作压力下应无泄漏现象。试机前必须确认锅架及火盖等部件的放置是否符合说明书中规定的要求；起动燃气灶具并目测燃烧情况，调整风门大小到无脱焰、无黄焰现象。

四、技能操作

燃气具安装过程中需要完成多个工作环节，第一个环节是检查台面开孔或预留等情况，第二个环节是安放燃气具，第三个环节是连接气管，最后一个环节是调试和安装验收。

1. 检查嵌入式燃气灶具的台面开孔质量，台面下部是否留有进空气窗口

1）将说明书中的开孔尺寸或附件开孔模板作为台面开孔质量检查的依据。

2）测量开孔边长和圆弧大小或使用开孔模板来比对检查孔口大小是否合适，检查开孔边线部位是否平直、粗糙。

3）检查孔位与周边其他设备是否有足够的安全距离，是否符合相关要求。

4）检查橱柜门是否有通孔或百叶窗，测量通孔或窗口尺寸并计算面积，依据计算结果判定窗口是否符合要求。

2. 用软管、硬管、不锈钢波纹管、燃气专用管连接燃气灶具进气口与燃气管口并用卡箍紧固接口

1）取下燃气灶具进气口与燃气管口的防护帽，清理燃气灶具进气管接头与燃气管口。

2）取出连接管，检查管身和接口是否完好，燃气胶管是否符合使用年限。

3）根据连接管的种类和接头类型，选用相应的连接方法进行连接和紧固。采用插接式连接方法时，必须用卡箍将两端接口紧固。

4）连接完成后对管路进行气密性检查。

◈◈◈ 第二节　燃气灶具调试

一、燃气灶具调试前安全性检测知识

1）查看燃气灶具周围的物品、设施、设备与燃气灶具的安全距离是否足够。

2）查看安装燃气灶具的厨房里是否存有挥发性的易燃易爆的气体、液体或爆炸物。

3）核查用户气源和燃气灶具使用气种的符合性，使用液化石油气时要检查减压阀的出口压力。

4）检查燃气管连接的可靠性、管路的气密性，灶前燃气阀门是否处于关闭状态。

5）检查产品是否破损，各部件、附件是否缺失，安装是否准确到位。

6）检查室内是否通风，通道是否有障碍物等。

二、燃气灶具现场调试技术规范

1）查看和确认燃气管路连接已经完工，燃气管路已经开通；查看和确认燃气灶具配件已经正确安装到位。

2）检查旋钮、点火开关和阀门操作的灵活性。燃气灶具的阀门及旋钮在室温或最高工作温度下开关时应灵活自如，位置指示准确，限位和自锁装置手感明显，点火器起停响应正常。

3）将燃气灶具旋钮调节到关闭状态，不打开燃气阀门，接通燃气。

4）保持操作距离，进行点火操作和多次点火排空，排空不彻底会造成点火困难和对点火装置可靠性的误判。

5）检查点火装置的可靠性，点火起动 10 次中成功点燃次数不得少于 8 次，且不得连续两次点不着火。

6）检查燃烧器火焰的传递速度。点燃一火孔后，火焰应在 4s 内传遍所有的火孔。

7）检查燃烧工况和调节风门至最佳燃烧工况。燃气灶具在 0.5～1.5 倍燃气额定压力范围内燃烧稳定，不得产生黄焰、回火、脱火及离焰。大气式火焰呈轮廓清晰的蓝焰，红外线火焰呈无焰或均匀的短蓝焰为最佳。

8）一次空气量对应的火焰辨别方法如下：

① 燃烧良好：火焰颜色为青蓝色，无黄焰或红火，内、外焰清晰。

② 空气不足：火焰伸长，内、外焰无明显区别（模糊）。火焰颜色带黄色或红色。

③ 空气过多：火焰浮着，即离开铜盖、铜芯明显偏短（人工燃气时会出现回火现象），颜色为青色。

9）检查熄火保护装置的开阀和闭阀时间应满足：开阀时间不超过 15s，闭阀时间不超过 60s。

10）现场调试完毕后，关闭旋钮和燃气灶前阀门，请用户确认验收并签字。

三、燃气灶具使用方法

1. 使用前的检查

燃气灶具使用前应适当进行安全性检查，查验项目包括气管连接的可靠性、环境的安全性、灶面配件装配的准确性等。

2. 点火操作

点火操作方法与燃气灶具的点火方式、熄火保护装置类型等有关，操作适当能大大提高点火成功率。具体操作方法如下：

（1）电子点火灶　按压开关旋钮至底部，逆时针拨转一次，听到"啪"一声表示压电陶瓷点火工作一次，闪一次电火花，点燃点火器小火，进而引燃炉头大火。松开按压旋钮，大火熄灭重新点燃，若大火不熄，则点火结束。一次点火不成功则需重复操作；操作动作稍缓慢一些更能提升点火成功率。

（2）脉冲点火灶　按压开关旋钮至底部并逆时针旋至 10°~90°任意位置时，脉冲点火器接通并工作，产生连续电火花，直接点燃点火孔小火，进而引燃大火，若松手后大火不熄，则点火操作可结束，若熄火则重新操作。

点着火后，根据熄火装置类型和控制方式的不同，按压松手时间也不同。若采用热电式熄火保护装置，则点着后约 2s 才能松手；采用离子装置的燃气灶具，点着后即可松手。

3. 排空

燃气灶具安装后的首次点火或长时间停用后的第一次点火，需要进行适当的排空操作。排空方法、排空时间与燃气灶具点火方式和连接管的长短有关。具体操作方法如下：

（1）电子点火灶

① 火种引燃法：手持明火火种靠近外环火孔处，然后操作点火一次并按压数秒至引燃大火时结束，排空完成。

② 反复停滞点火法：反复操作点火数次，每次在大火位置上按压 1~2s 后再重复点火，直至大火点着，排空结束。

（2）脉冲点火灶　按压旋钮并旋至大火位置保持数秒至大火点着，排空结束。气管较长时，若一次点火不成功，重复操作一两次即可。

4. 火力调节

火力调节是通过调节气阀体气道大小来调节的，因此火力调节与气阀体结构有关。阀体气道有单通道、双通道、三通道等，则对应有几圈火。由于阀体气道调节的差异，因此有的气道可调有的不可调。例如，双通道有单调阀和双调阀之别，三通道有三调阀和双调阀之别等。无论哪种气道阀，旋钮在逆时针90°位置均为火力最大位置，最小火力角度略有差异，一般双气道的最小火力位置为165°（中心火可调单位为230°），火力可在90°～165°任意调节。当然，从90°回调也可以调节火力，但有一定风险性，不建议采用。

5. 熄火处理

燃气灶具使用结束或使用过程中意外熄火，均应将旋钮调节到"关闭"位置，防止儿童误操作意外点火。

6. 注意事项

使用中，注意使用合适的和不超重的锅具，锅具要轻拿轻放，减少撞击。日常使用中，要经常清洁保养，遇到外溢情况时需及时清理，防止火孔堵塞等。

四、技能操作

（1）使用肥皂液检测燃气管路接口的密封性

1）制备肥皂液。用适量的肥皂或洗洁精等调制成肥皂水，搅拌出大量泡沫。

2）打开燃气管道开关，用软毛刷蘸取肥皂水涂至管子连接处，观察30s是否有气泡产生，如有气泡，说明有漏气，应及时切断气源，然后紧固或重装连接口。

3）重复上述操作方法，直至无气泡产生，说明无漏气，方可使用燃气灶具。

（2）运行测试　调整燃气灶具一次空气调风板，对燃气灶具的各旋钮或按键等进行点火、火力调节、开关等操作，测试其运行是否正常。

1）调整燃气灶具一次空气调节板至半开状态。

2）所有旋钮逐一进行点火操作和按压保持3～5s，若旋转过程流畅、点火成功、松手大火不熄等，说明点火器、火盖、熄火保护装置工作正常。

3）调节火力旋钮，变换中心火至外圈大火，观察传火状态。若传火均匀迅速，说明火盖传火性能正常。

4）保持最大火，调节风板，观察火焰状态变化。若火焰状态变化大且火焰能达到最佳状态，说明风门调节和燃烧工况正常。若火焰失调，则说明燃气灶具工作不正常。

5）旋钮从大火位置继续逆时针旋转，大火盖火焰持续变小，小火盖火焰保持不变，直至大火盖火焰完全关闭，小火盖火焰开始变小（或不变），逆时针转到底时为燃气灶具的最小火焰。旋钮从最小火位置按顺时针方向往火力最大方向缓慢旋转，火焰变化正好与逆时针相反，且在往复操作过程中无手感卡滞现象，说明阀体工作及火力调节正常。

6）将旋钮从大火状态顺时针缓慢转动，若观察到大小火盖火焰同时变小，接近0°时，大火完全熄灭，旋钮发出"咔哒"回位声响，数秒后听到熄火保护电磁阀产生回弹的响声，说明气阀关闭正常，熄火保护装置工作正常。

复习思考题

1. 对燃气灶具的安装环境有哪些具体规定？
2. 燃气灶具安装过程中需要注意哪些事项？
3. 嵌入式燃气灶具对开孔有哪些要求？对通风口有哪些规定？
4. 如何调试燃气灶具至最佳工作状态？

第 五 章

供热水、供暖两用型燃气热水器安装

> **培训学习目标** 熟悉燃气热水器的安装规程，掌握合理布局管路和正确安装燃气热水器的方法；熟悉常用管路连接用材及其使用方法，掌握气路与水路的连接、安装及验收方法；熟悉安装给排烟管的技术规程，掌握给排烟管的正确安装方法；熟悉供热水、供暖两用型燃气热水器的调试方法。

◇◇◇ 第一节 燃气热水器安装

一、燃气热水器安装位置与气源主管道安全距离的技术要求

燃气热水器的安装受到诸多因素的影响，如电气设备、燃气管道、排烟、接水电位置等。安装位置的选择是安装前的重要工序。

选择燃气热水器安装位置时，应首先考虑确保使用者的人身安全和财产安全，其次应考虑水路连接的便捷性和使用的经济性，一般以将燃气热水器安装在距离接水口、接气口、排气管口较近的地方为原则。

1. 燃气热水器的安装位置与气源主管道的最小水平净距要求

燃气热水器的安装位置与气源主管道的最小水平净距要求是按《城镇燃气室内工程施工与质量验收规范》（CJJ 94—2009）执行的。依据验收规范，主立管与燃具水平净距不应小于30cm，因此安装燃气热水器时应确保燃气热水器与气源主管道（主立管）的水平净距不小于300mm。此外，燃气热水器与燃气表之间的水平净距离也不应小于300mm。除燃气表外，燃气总截止阀后的分支燃气管路则不受此限制。若燃气表、气源主管道同时出现在燃气热水器附近，应以

最靠近热水器的为准，水平净距不应小于300mm。

2. 燃气热水器的安装位置与气源主管道安全距离图例

图5-1是燃气热水器的安装位置与气源主管道在同一墙面内的安全距离图例。图5-2是燃气热水器的安装位置与气源主管道在不同一墙面内的安全距离图例。

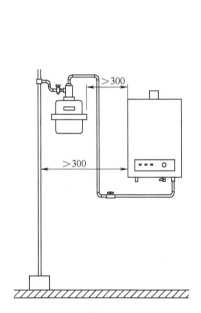

图5-1 燃气热水器的
安装位置图例（1）

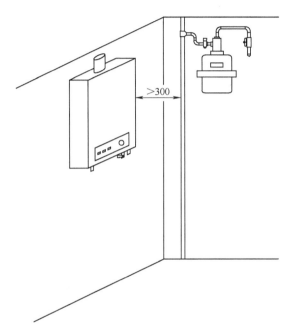

图5-2 燃气热水器的安装位置图例（2）

二、燃气热水器安装技术要求

安装燃气热水器时要严格按照国家标准《家用燃气快速热水器》（GB 6932—2015）中的要求进行。

1. 燃气热水器安装的位置要求

选择燃气热水器安装位置时，不得考虑下列房间和部位：

1）卧室、地下室、客厅。

2）浴室（自然给排气式和强制给排气式燃气热水器除外）。

3）楼梯和安全出口附近（5m以外不受限制）。

4）橱柜内。

2. 燃气热水器安装的通用要求

1）没有给排气条件的房间不得安装自然排气式和强制排气式燃气热水器。

2）设置了吸油烟机、排气扇等机械换气设备的房间及其相连通的房间内，使用自然排气式燃气热水器时，不得开启排风扇及抽油烟机等机械换气设备。

3）浴室内不得安装自然排气式和强制排气式燃气热水器。安装在浴室中的非平衡式燃气热水器，即使安装了排烟管，也无法保证浴室中不发生缺氧。同时，浴室中的大量水蒸气将吸入燃气热水器中，使电器控制部分容易发生故障甚至漏电等事故。

4）燃气热水器安装处不能存放易燃、易爆及产生腐蚀气体的物品。

5）燃气热水器安装位置上方不得有明线、电气设备、燃气管道，下方不能设置煤气炉、燃气灶等燃气具。

6）燃气热水器安装部位应由不可燃材料制造。若安装燃气热水器的部位为可燃材料或易燃材料，则应采用金属防热板隔离，防热板和墙面间隙应大于10mm，且防热板应比燃气热水器外壳尺寸大100mm以上。

7）壁挂式燃气热水器安装应保持垂直，不得倾斜。

8）燃气热水器安装在室内时必须安装排烟管，排烟管需要完全伸出户外并与大气直接相通。

9）安装燃气热水器排烟管时，排烟管的坡度一定要畅顺，不得出现烟管内部积存冷凝水的情况。

10）燃气热水器不得安装在易发生日晒雨淋的位置（室外型产品除外），如果安装在可能日晒或雨淋或强风吹到的位置，可采取有效防护措施。

11）燃气热水器应安装在方便操作、检修、观察火焰且不易被碰撞的地方。

12）电插座电源开关与燃气热水器的水平净距应大于15cm。

13）燃气热水器安装前，首先要检查其所用燃气种类与用户使用的气种是否相符。若气种不符，要么火小或点不着，要么火太大或烧坏产品。

14）接通燃气热水器进出水管前，应先检查进出水管是否准确，不能接反。否则，有水量传感器的燃气热水器将无相关信号，无法正常工作。

15）接通燃气热水器进出水管前，还应将进水龙头打开，观察流水情况，确认流出的是清水，因为很多时候用户家预留的水接口，因装修或时间长积聚有泥沙等污物，所以需要先放出部分水后，确认无泥沙杂质后方可连接水管，接入燃气热水器，以防止污物进入燃气热水器中造成故障。

16）排烟管的长度应满足厂家产品安装使用说明书中的要求，排烟管不能过长，使用的弯管也不能过多。若排烟管过长，特别是弯管用得过多，将使废气排放阻力加大，使燃气热水器熄火安全保护或使燃气热水器中的燃气燃烧不充分，烟气中一氧化碳含量超过排放标准，带来危害。

17）燃气热水器安装完成后，一定要检查是否有燃气泄漏情况，特别要注意燃气具以外的零部件造成的泄漏，如煤气管、管接头、三通、燃气阀门等。检查时不得使用打火机之类的明火，要用肥皂泡水等检查方法检查。

3. 冷凝式燃气热水器安装的特殊要求

1）冷凝式燃气热水器的排烟管室内部分应向燃气热水器倾斜，这样可确保烟管内部产生的冷凝水能够顺畅流入燃气热水器内部冷凝器的接水盒中。

2）冷凝式燃气热水器的排烟管，应使用接驳处带密封圈装置的排烟管，以防冷凝水从接驳处渗出。

3）冷凝式燃气热水器的冷凝水排水管，应使用耐腐蚀的材料或表面进行防腐处理的材料，常用的有塑料材质排水管、硅橡胶材质排水管等，排水管应直接与下水主管道连通。冷凝水不可排至洗手盆、洗菜盆、地面等。

4）冷凝式燃气热水器的冷凝水排水连接管内径不得小于13mm，以防影响冷凝水的排放，影响燃气热水器正常使用。

三、技能操作

（一）确定安装位置并控制燃气热水器与气源主管道间的安全距离

首先应根据燃气热水器安装标准和相关文件技术要求，判断用户选择的安装位置是否在允许安装范围内，出现不符合的情况时，应使用专业的知识耐心与用户充分沟通，给出科学专业的建议。

安装位置确认前，应首先考虑安装部位是否符合技术要求。

1）准备需要使用的工具，如记号笔、卷尺或直尺等。

2）确认用户选择的位置是否符合产品与电气设备、燃气设备的安全距离要求。

3）观察安装位置周围是否有明装或暗装的电线或电缆、电源插座、电源开关、配电盘、配电箱、电表、燃气流量表、燃气气源主管道等可能影响到安全的设备，具体安全距离技术要求应满足燃气热水器与电气设备、相邻管道之间的最小水平净距要求。

4）用记号笔和尺子测量并判断各设备与燃气热水器的安全距离，是否符合燃气热水器与电气设备、相邻管道之间的最小水平净距要求。

5）观察安装位置周围是否有易燃易爆易挥发物品，如油漆、香蕉水、木材、木柜等。

6）燃气热水器等燃气具与燃气流量表、气源主管道任一设备的水平净距都应大于30cm，否则可能会危及供气管网的安全。

（二）使用专用工具打孔并安装膨胀螺栓或挂架

在依据燃气热水器安装技术要求与用户协商选定安装位置后，根据安装位置墙体内布线、布管的实际情况，以及产品安装尺寸和挂板位置，确定安装用膨胀螺栓的打孔位置。

1. 打孔位置的选定

1）打孔位置必须避开墙内电线、水管、气管。

2）安装墙面需能承受燃气热水器的重量，应考虑燃气热水器使用时产生的水流冲击及风机高速运行等振动因素，对不够牢固的墙面应采取加固措施，再确定打孔位置。

3）燃气热水器打孔点测量确认时应确保燃气热水器垂直安装。

4）打孔位置需用直尺和铅笔或记号笔在打孔的位置处标记好，再实施打孔。

2. 打孔

打孔前，应评估打孔位置处的墙面材料，是否存在打裂、打烂及损坏的风险。如对硬度较高的瓷砖、大理石等材质墙面，应先用合适大小的金刚钻头，钻通硬度较高的饰面材料，再用合适尺寸的冲击钻钻头钻至足够深度。避免因直接用冲击钻钻孔而打裂损坏墙面的情况。下面以硬度较高的瓷砖墙面为例，介绍具体安装步骤。

1）先判断需打孔位置的墙内是否有电线、水管、气管等，判断方法是观察周围的插座、水龙头等，将其作为参照物进行评估，同时应询问用户墙内情况，无把握准确判断时，可根据用户家装修设计图样作为判断依据。

2）使用尺子测量，记号笔标记好打孔位置。在标记位置贴上封箱透明胶带，用封箱透明胶带十字交叉粘贴法将打孔位置覆盖粘贴住，这样在钻孔的时候就不会有粉尘飞溅了。

3）用锤头在打孔标记处冲出合适的小点，能有效防止钻头在瓷砖表面打滑，再选择合适尺寸的玻璃开孔器或金刚石开孔器在瓷砖表面打孔，直到钻穿瓷砖为止。在钻削过程中应握紧电钻，缓慢向里推，钻削速度要慢慢提升，用清水不断向钻头和孔洞处喷洒（见图5-3），避免瓷砖因为高温脱水发生破裂。

4）将合适的冲击钻头装到冲击钻上，调整冲击钻上的打孔深度标尺（见图5-4），垂直对准瓷砖打孔点，紧握冲击钻把手，给予冲击钻正前方向的适当

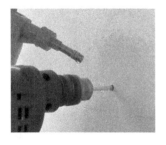

图5-3　在钻孔处喷洒清水

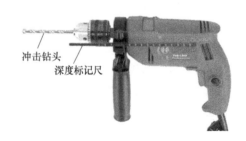

冲击钻头
深度标记尺

图5-4　冲击钻打孔深度标尺

压力，起动冲击钻，用力不宜过大。应控制好钻头转速，先采用低速，待确认钻入墙体后再提高速度，确保瓷砖等不破裂。待钻头钻到足够深度后，放慢冲击钻转速，双手仍然要水平握紧冲击钻，缓慢退出墙体内的钻头，退出钻头时手不得摇摆晃动，否则可能会损坏墙面。

3. 安装膨胀螺栓或挂架

（1）固定原理　膨胀螺栓是利用楔形斜度来促使膨胀产生摩擦力而达到固定效果的。螺栓一端是螺纹，另一端有锥度。膨胀螺栓外面包有金属层（有的是钢管），铁皮圆筒（钢管）上有若干切口，把它们一起塞进墙上打好的孔洞里，然后拧螺母，螺母把螺钉往外拉，将锥度拉入铁皮圆筒，铁皮圆筒被胀开，于是紧紧地固定在墙上。

（2）操作步骤　先撕去打孔位置的防护透明胶带，将膨胀螺栓对准孔洞，用锤子将膨胀螺栓打入墙洞内，直到膨胀螺栓螺母垫圈与墙面平齐为止。接着把膨胀螺栓螺母拧紧三圈后感觉膨胀螺栓比较紧而不松动后再拧下螺母，再把燃气热水器的挂架对准螺栓装上，装上膨胀螺栓螺母的垫片和弹簧垫圈，用手拧紧螺母，接着用水平尺校正挂架，再用扳手拧紧螺母。接着抬起产品，把产品挂机口对准挂架挂上，确认产品与挂架安装到位且十分牢靠。

接着把膨胀螺栓螺母拧紧三圈后感觉膨胀螺栓比较紧而不松动后，再拧松螺母，一般螺母退出至平齐螺杆即可。将螺母垫片和弹簧垫圈挪至贴近螺母，抬起产品，将产品挂口对准膨胀螺栓挂上，确认产品安装孔准确挂到膨胀螺栓后，用手拧紧螺母，接着用水平尺校正产品，再接着用记号笔标记固定孔位的打孔位置。按照上面同样方法安装膨胀螺栓，最后再用水平尺校正燃气热水器，用扳手拧紧膨胀螺栓螺母。

（三）将燃气热水器挂在膨胀螺栓或挂架上并用水平尺进行校正

燃气热水器的安装水平与否可能会影响到产品的正常使用，甚至会引起安全事故，故作为一名合格的燃气具安装维修人员，必须按照厂家的产品安装使用说明书要求校正产品。校正产品时应使用水平尺，具体操作步骤如下：

抬起燃气热水器并将燃气热水器挂口对准膨胀螺栓，确认燃气热水器安装孔准确挂到膨胀螺栓后，用手拧紧螺母，接着用水平尺校正产品（见图5-5），校正后拧紧膨胀螺栓螺母紧固燃气热水器。

如果燃气热水器与挂架为分体结构，需要先安装挂架再挂燃气热水器。先安装挂架时，把燃气热水器的挂架对准膨胀螺栓装上，装上膨胀螺栓螺母的垫片和弹簧垫圈，用手拧紧螺母，接着用水平尺校正挂架（见图5-6），校正后拧紧膨胀螺栓螺母紧固挂架。接着抬起燃气热水器，把燃气热水器挂机口对准挂架挂口钩住，确认燃气热水器与挂架挂到位并挂牢靠。

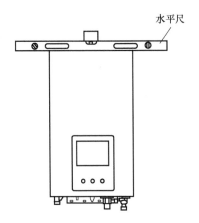

图 5-5　用水平尺校正燃气热水器

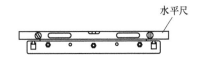

图 5-6　用水平尺校正挂架

◇◇◇ 第二节　燃气、水路连接

一、燃气热水器燃气阀和管道连接密封性的检测

燃气热水器燃气阀和管道连接密封性的检测方法在安装现场一般采用管路通气状态下涂抹肥皂泡的方式进行，对要求精准的，通常采用 U 形压力计进行检测。U 形压力计不但可以检查管路是否泄漏，而且可以检测燃气压力是否满足燃气热水器的工作要求。

（1）肥皂泡气密性检测法

1）关闭燃气阀，在气路管道的所有接驳口处涂上浓稠的肥皂泡。

2）开启燃气阀，目测肥皂泡大小有无变化。若无任何变化则为合格。

（2）U 形管气密性检测法

1）关闭燃气预留接口处的阀门，在气路管道上安装一个三通，三通的两端与管路连接，另一端连接橡胶软管，保持良好密封。

2）U 形压力计管内盛入工作液（如自来水），其中一端与橡胶管相连，另一端开放式敞开。

3）打开燃气阀门。观测 U 形管左右液面高度差是否随时间变化，液面高度差保持不变为合格，如图 5-7 所示。

二、燃气热水器各类水路管道连接可靠性的检测

燃气热水器水管包括镀锌管、铝塑管、PPR 管等，水管连接可靠性的检查包

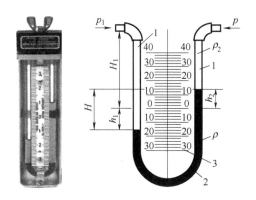

图 5-7　U 形压力计
1—U 形管　2—工作液　3—刻度尺

括螺纹连接深度、接口是否松脱以及管路是否渗漏等。渗漏一般用目测或用合适量程的水压表进行检测。用水压表检测管路流动水压力（动态压力）可以判断燃气热水器的工作环境是否正常。一般家庭管路，打开水阀通水，目测没有渗水即可，如遇水压不正常以致影响机器正常使用的，才用水压表进行检测。具体检测方法如下：

1）关闭水路总阀。

2）在检测管路上接上三通，三通的两端连接水路，另一端连接合适量程的水压表。

3）打开水路总阀，观察水压读数是否随时间变化，读数不变者为合格。

三、技能操作

1. 用专用燃气软管或硬管连接燃气热水器进气口与燃气管连接口并进行密封性检查

（1）用专用燃气硬管连接燃气热水器进气口与燃气管连接口

1）确认用户使用的燃气种类与燃气热水器铭牌所标示的气种一致。

2）找到燃气预留口，在预留口接上负责燃气热水器燃气通断的燃气阀。

3）在燃气热水器进气口前端安装燃气球阀。

4）测量两个燃气阀之间的距离。根据距离选择合适长度的气用波纹管。注意：如果使用的是非定尺波纹管，必须用专用工具在管子两端末梢扩成喇叭口，并套上两个活动螺母。

5）在气管两头装上密封圈，与两个燃气球阀相连（拧紧螺母）。

6）校直管路并用管卡固定在墙壁上，应达到横平竖直美观的效果。

（2）用专用燃气软管连接燃气热水器进气口与燃气管连接口

1）确认用户使用的燃气种类与燃气热水器铭牌所标示的气种一致。

2）找到燃气预留口，在预留口接上负责燃气热水器燃气通断的燃气阀。

3）在燃气热水器进气口、燃气预留口球阀处各安装一个进气接头，可采用宝塔阀代替球阀与进气接头组合的方式，如图5-8所示。

图5-8　进气接头与宝塔阀

4）测量两个进气接头之间的距离。根据距离选择合适长度的燃气用胶管。注意：胶管切口必须平直，不能出现斜口。

5）将气用胶管插入进气接头到红线沟槽处并用管箍箍紧，如图5-9所示。

图5-9　进气接头沟槽与气管管箍

6）理顺胶管，并将其用管卡固定在墙壁上。

（3）燃气管连接口密封性检查

1）关闭燃气阀。

2）用洗洁精或肥皂粉兑自来水搅拌成泡沫，涂抹在气阀及气管连接口上。

3）打开燃气阀，观测各接口处肥皂泡15min，若泡沫无变化则表明不漏气。

2. 安装不同规格的燃气专用阀以控制进入燃气热水器的燃气通断

燃气专用阀门很多，但燃气热水器常用的是球阀。根据球阀两头接口方式不同，球阀又分为内丝球阀、外丝球阀以及燃气专用宝塔阀等。

气路球阀应需根据现场管路需要进行选择，螺纹接口不合适时，需用转接头进行过渡，宝塔阀用于燃气胶管的连接，胶管与宝塔阀接头连接时必须用管箍箍紧以防漏气。

气路阀门螺纹连接时，操作步骤如下：

1）关闭燃气总阀，根据管路大小选择合适口径的燃气阀。

2）在阀门对接的外丝螺纹上，缠上3~5圈生料带。

3）将缠上生料带的接头拧入内丝接头部分并保证连接可靠。

4）如因管径不合适或螺纹尺寸不合，则需用转接头进行转换。

3. 用软管、硬管连接燃气热水器的进出水管并用压力表等检测水管的耐压性

燃气热水器进出水管的硬管连接一般指镀锌管和PPR管的连接，除硬管之外，还有水用波纹管、铝塑管的软管连接。

（1）用硬管连接燃气热水器进出水管

1）确认水管预留口的位置。

2）拧开预留口堵头，打开水路总阀，对水管进行冲洗并辨别进出水管方向，即冷、热水管方向。

3）在冷水管上安装水阀。

4）测量水阀到燃气热水器进水口之间的距离。根据距离裁取合适长度管材。注意：如果使用的是PPR管，必须使用到专门的热熔工具。

5）采用螺纹连接或热熔方式连接管路。

6）检查各接口是否安全可靠。

（2）用软管连接燃气热水器进出水管

1）确认水管预留口的位置。

2）拧开预留口堵头，打开水路总阀，对水管进行冲洗并辨别进出水管方向，即冷、热水管方向。

3）在冷水管上安装水阀。

4）测量水阀到燃气热水器进水口之间的距离。根据距离裁取合适长度管材。

5）连接进出水管路并用管卡将软管固定在墙壁上，应确保横平竖直。

6）检查各接口是否安全可靠。

（3）用压力表检测水管的耐压性

1）关闭水路总阀。

2）选择合适量程的水压表。

3）在检测水路上安装一个三通，三通的两端接水管，另一端接水压表。

4）打开水阀，待水压表读数稳定后，关闭水阀保压20min，目测水压表读数无变化者为合格。

4. 安装燃气热水器出水端的混水阀

1）辨认混水阀冷热水口的方向。

2）关闭水路总阀，拧开预留水口的堵头。

3）打开水阀，对水管进行冲洗。冲洗完毕后关闭水阀。

4）将预留口的冷水管接在混水阀标注蓝色的接口上，另一个预留口接在混水阀标注红色的接口上，确保螺纹连接可靠。

5）打开水阀，左右旋转混水阀把手进行检查，摆动灵活且不漏水者为合格。

◆◇◆◇ 第三节　给排气管连接

一、燃气热水器给排气管连接的技术要求

1）燃气热水器排气管的长度、高度、折弯次数等必须符合《家用燃气快速热水器》（GB 6932—2015）的相关规定，尽量使用厂家配套的排气管件进行加长和转接，禁止使用容易变形的金属软管来加长排气管或进行中间连接。

2）管与管的连接应是内外配合的紧密连接，且套接深度不小于2mm，必要时用螺钉加以锁定。

3）对于燃气热水器与排气管的连接部位以及排气管的排气管接驳部位，应不存在烟气泄漏和雨水渗入现象，应用铝箔纸等防火材料加以密封。

二、燃气热水器排气管安全防护知识

对燃气热水器排气管而言，无论是在室内还是室外，风吹、日晒、雨水、油烟、灰尘都难于避免，这些因素都会影响排气管的寿命或排烟效果，因此无论是在安装上还是在日常使用中，对排气管要做好安全性保护：

1）室外排气管要避开天台雨水浇灌，减少雨水对排气管及排气管固定支架的冲刷侵蚀。

2）禁止在架设好的排气管上晾晒衣物或悬挂物品、人为攀爬和拉扯排气管等行为，防止排气管折弯或脱落损毁。

3）禁止敲击带防腐层的排气管，防止防腐层脱落。

4）室外排气管的固定支架要安装牢固，应与墙体、管身紧密接触，不能有松动现象，避免支架脱落和排气管晃动。

5）厨房抽油烟机排烟口要远离排气管，避免油烟侵蚀排气管。

6）排气管禁止使用混凝土固定。

三、燃气热水器国家标准对排气管材质和安装的规定

（一）燃气热水器产品国家标准对排气管材质的规定

1. 自然排气式燃气热水器的排气管

自然排气式燃气热水器的排气管应采用耐腐蚀的金属材料或表面经过耐腐蚀

处理的金属材料，其耐腐蚀性能应满足在室外长期使用的抗紫外线和抗锈蚀能力，金属材料的厚度应满足必要的抗风能力（在排气管侧施加 1.5kN/m² 的横向载荷）。不得使用铝制波纹管作为自然排气式热水器的排气管。

2. 强制排气式、自然给排气式、强制给排气式燃气热水器的排气管

强制排气式、自然给排气式、强制给排气式燃气热水器所配备的排气管或给排气管应采用厚度不小于 0.3mm 并符合《不锈钢冷轧钢板和钢带》（GB/T 3280—2015）中的奥氏体型不锈钢材料要求，或厚度不小于 0.8mm 的碳钢板双面搪瓷处理，或与之同等级别以上耐腐蚀、耐高温及耐燃性的其他材料。其密封件、垫也应采用耐腐蚀的柔性材料。

（二）燃气热水器产品国家标准对排气管安装的规定

1. 自然排气式燃气热水器排气管的安装

1）自然排气式燃气热水器应使用随机附件的专用排气管部件，严格按照产品使用安装说明中的规定进行安装，若要加长排气管，材料和尺寸必须与原配排气管一致。

2）自然排气式燃气热水器的排气管不得安装强制排气式燃气热水器及机械换气设备。

3）排气管的安装应符合图 5-10 中规定的要求。

2. 强制排气式燃气热水器排气管的安装

1）强制排气式燃气热水器应使用随机配送的专用排气管部件，严格按照产品使用安装说明中的规定进行安装，若要加长排气管，材料和尺寸必须与原配排气管一致。

2）排气管的穿墙部分与墙孔的间隙和排气管之间的连接处应加以密封，排气管连接处应十分牢固，不存在烟气泄漏现象。

3）排气管安装时，应防止冷凝水倒流进燃气热水器内。

4）排气口与周围建筑物及其开口的距离，应符合《家用燃气燃烧器具安装及验收规程》（CJJ 12—2013）中的规定。

3. 强制给排气式燃气热水器排气管的安装

1）排气管应安装在直通大气的墙上，并符合《家用燃气燃烧器具安装及验收规程》（CJJ 12—2013）中的规定。

2）排气部件应采用与燃气热水器配套的部件，并严格按照产品使用安装说

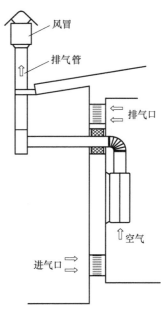

图 5-10 自然排气式燃气热水器排气管的安装

明中规定的要求安装。

4. 室外型燃气热水器排气管的安装

室外型燃气热水器因其结构特殊性，它没有像强排式燃气热水器一样结构的排气管，但其安装时应注意以下几点：

1）应安装在不会产生强涡流的室外敞开空间。

2）给排气口周围应无妨碍燃烧的障碍物。

3）安装处应采取防风、防雨、防雪的措施，不能因风、雨、雪等条件影响正常燃烧。

4）在靠近公共走廊处安装时，应有防火、防落下物、防废弃物等措施。

5）两侧有居室的外部走廊，或两端封闭的外部走廊，不得安装室外型燃气热水器。

6）电源插座，应设置在室内。

四、技能操作

1. 按照烟道式、强排式燃气热水器安装要求安装排气管道并实施定位打孔

1）查看安装现场，经用户同意选取燃气热水器安装位置。

2）根据产品说明书中规定的安装要求，在墙面上的合适位置确定排气管钻孔位置并征得用户同意。

3）排气管应保证向室外下方倾斜3°～5°，禁止排气管接入公共烟道，排气孔必须保证伸出墙外。

4）选取合适钻头，在墙上钻削排气管孔，钻孔速度要保持适中，以防作业中瓷砖崩裂。

5）烟道机按照自然排气式燃气热水器排气管的安装方式安装排气管，强排式燃气热水器按照强制排气式燃气热水器的安装方式安装排气管，北方寒冷地区建议加装防倒灌风装置。

6）排气管接驳口应用铝箔纸进行封贴，防止发生废气泄漏现象。

7）排气管连接完毕，开启燃气热水器试机，检测各接口是否连接可靠有效。

2. 按照强制给排气式燃气热水器安装要求安装给排气管道并确定给排气管安装孔

1）强制给排气式燃气热水器排气管安装的前四步与强排式燃气热水器排气管安装步骤相同。

2）按照强制给排气式燃气热水器的排气管安装方式或产品说明书安装要求安装排气管。

3）排气管需要加长时，应采用与产品所配套的排气管的材料、尺寸相一致

的排气管。

4）强制给排气管加长部分应接在中间，伸出墙外部分必须用机器原配排气管。

5）排气管接驳口应保证双层套入，并用铝箔纸进行封贴，防止发生废气泄漏现象。

6）排气管连接完毕，开启燃气热水器试机，检测各接口连接是否可靠有效。

3. 安装排气管防风帽

1）将排气管所在位置 1m 范围内的屋顶杂物清除。

2）在排气管顶端高出屋顶部分量取合适高度（≥0.6m）并将其截断，用于安装防风帽。

3）将制作好的防风帽套入排气管顶端并用螺钉加以固定，如图 5-11 所示。

4）用管箍将排气管垂直部分固定在墙壁上。

5）起动燃气热水器，并手持小纸片靠近防风帽用以检测吸抽力是否符合要求。

6）清理现场并交付使用。

4. 确定室外型燃气热水器的安装及排气朝向

1）选取安装位置，咨询用户安装位置平常风向以及周围居民的生活习惯。

图 5-11 排气管防风帽

2）尽量避免在迎风墙面安装，用以减小排气阻力；同时，应注意废气排放方向，避免影响邻居生活。

3）安装位置应尽量接近用电插座。

4）按照说明书中的要求尺寸在墙面上确定打孔位置并征得用户同意。

5. 在吊顶层材料为易燃或可燃材料时，排气管与吊顶间做隔热防护措施

排气管通过吊顶层且吊顶层使用的是易燃或可燃材料时，必须用阻燃材料包卷 20mm 厚以上，阻燃材料一般为玻璃纤维，应确保缠绕可靠。另外，排烟管与墙壁管孔之间的空隙不得用水泥填充，否则不易维修。

◇◆◇ 第四节　燃气热水器调试

一、燃气热水器现场安装调试的主要项目

燃气热水器安装完毕，安装人员需要对产品的各项功能进行调试，待全部调

试完成后方能交付用户使用。

（1）点火功能测试　在水、电、气齐备的情况下，起动燃气热水器，检查点火是否顺畅。

（2）机器按键测试　机器起动后，操作面板上的各功能键，检查各键接触是否良好，功能是否正常。

（3）机器旋钮测试　操作机器旋钮，感受旋钮转动是否灵活，目测是否有漏水现象。

（4）出水温度测试　用手感应出水温度是否稳定，调节水温察看反应是否灵敏。调试时，高、中、低温都要进行调试。

（5）机器试漏　打开面盖，用小火棒检查燃烧器、方管等接口是否漏气。注意：用明火检漏是一项需要操作娴熟的工作，火棒火苗应以短、硬为宜，火棒在各接口处快速移动，以防停留太久伤及电路导线。如发现某处漏气，应立即关闭气阀，断水断电检修。

（6）安全装置测试　试验机器安全装置是否有效，向用户介绍排水防冻的工作原理、适用条件与操作方法。还要介绍漏电保护装置的作用以及跳闸后电源复位的方法。

（7）操作禁忌说明　调试时，向用户演示平常使用时严禁的操作，如泄压阀调压螺钉不能调节，进气嘴取样口不能松开以及不能在机器上晾衣服等。

（8）开关停机测试　操作开关停机键，感受操作是否灵敏。

二、燃气热水器的安全和控制装置

近年来燃气热水器技术发展十分迅速，市场上燃气热水器的种类也越来越多。有些消费者认为燃气热水器很不安全，担心煤气中毒等事情发生。实际并非如此，我们在使用时应了解燃气热水器的安全装置，它们可以有效预防安全隐患的发生。

（1）熄火安全装置　这是燃气热水器的一个基本保护装置。在气源打开后火焰未被点燃和意外熄火情况下，可自动关闭燃气阀。

（2）过热保护装置　当燃气热水器出现突发性故障或因长时间使用致使热交换器内温度超过150℃时，燃气通道会自动关闭，防止燃气热水器继续升温出现汽化爆炸或烧坏热交换器等。

（3）风压过大保护装置　当排气管顶端承受过大风压时，在燃烧器火焰出现不稳定前能够自动切断燃气供应通路。

（4）换气扇联动控制　与换气扇线路相连后，可确保室内空气质量。

（5）防冻保护装置　燃气热水器安装场所出现冰冻现象时，可事先旋下防冻旋塞，将残留在燃气热水器中的水排放出来，避免冻裂热水器内的管路系统。

（6）烟道堵塞安全装置　当烟道排气口堵塞时，在5s内可自动切断通往燃烧器的燃气通路。

（7）缺氧安全保护装置　当空气中氧气含量低于19%时，缺氧安全保护装置能够自动切断燃气供应，让燃气热水器停止工作，防止室内氧气继续减少而发生事故。

（8）防止不完全燃烧装置　在燃气不能完全燃烧、烟气中一氧化碳含量达到0.14%之前，该装置能够自动切断燃气供应通路。

（9）过压保护装置　当燃气热水器出现故障或因意外原因导致管道内压力过高（如升温过高引起水的汽化等）时，或当管内压力大于1.25kPa时，会自动开启卸压阀以降低热水器内压。

（10）燃气泄漏报警保护装置　当供气管路发生泄漏时，气敏传感器检测出一定的燃气浓度并发出声光报警信号，让用户迅速采取措施，排除故障。有的报警装置还在燃气热水器的进气管或室内供气管路上连接了电磁阀，检测到漏气信号后，能自动关闭电磁阀切断气源。

三、家用燃气热水器的基本结构

家用燃气热水器包括：家用供热水燃气热水器、家用供暖燃气热水器、家用两用型燃气热水器三种类型。其中，家用供热水燃气热水器的定义是具有水气联动装置控制燃气燃烧的开关，利用燃烧的热量快速加热通过热交换器内流动的水的器具；家用供暖燃气热水器、家用两用型燃气热水器的定义是：在《家用燃气快速热水器》（GB 6932—2015）规定的基准条件下，利用燃气燃烧产生的热量，直接加热热交换器内的流动水，并利用加热的水进行供暖换热或者供热水和供暖双重功能的器具。

根据家用燃气热水器的定义可知，供热水燃气热水器应由水气联动装置、控制燃烧开关、燃气燃烧装置、吸收燃烧热量并加热水的热交换器等基本部分构成。图5-12所示为燃气热水器的加热原理。供暖和两用型燃气热水器则是在供热水燃气热水器基础结构的基础上，增加了供暖水的循环功能组件，而两用型则在热水循环功能的基础上增加热水分路撤换或分路换热功能。

家用燃气热水器除上述基本结构外，还包安全性控制组件、排烟系统组件、功能控制组件、人机对话组件、外壳等相关组件。不同类型的产品其结构差异性较大，下面将按照不同类型逐一介绍其基本结构。

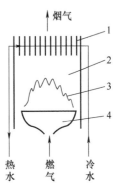

图5-12　燃气热水器的加热原理

1—换热器　2—燃烧室
3—火焰　4—燃烧器

1. 直排式燃气热水器

直排式燃气热水器是我国最早从国外引进并仿制生产的第一代燃气热水器，其结构相对比较简单。它主要由三大阀体（气阀、水阀、水气联动阀）、燃烧器（俗称火排）、热交换器（俗称水箱）、点火装置、热电式熄火保护装置、外壳组成，个别型号还带有缺氧保护、过热保护等装置。

顾名思义，直排式燃气热水器就是燃烧时所需要的氧气取自室内，燃烧后产生的废气也排放在室内，所以叫作直排。我们通过对第一章内容的学习，已经掌握燃气燃烧的机理和废气有害物的危害性，使用不当会导致 CO 中毒事故常有发生，因此，国家相关部门规定，禁止国内生产、销售浴用直排式燃气热水器。

直排式燃气热水器的工作过程是：打开进水阀门，自来水（冷水）通过进水口进入燃气热水器，流经水阀内装的文丘里管后形成压力差，将压力差引导到水阀与水气联动阀之间的隔膜板两侧，利用隔膜板两侧的压力差打开燃气阀门，燃气经阀门、气管、喷嘴到燃烧器，在燃烧器出口被长明火种或点火器点燃并燃烧，进而加热燃烧器里的空气。被加热的空气经热交换器吸热后，余热及烟气自然排出。冷水流经热交换器吸收热量后成为热水从热水出口流出，分流到各个用水口。在这一过程中，操作者可通过调节气阀上的旋钮调节气量大小来控制火力，调节水阀上的旋钮调节水量的大小，通过水量和火力的协调调节来快速调节热水温度。当关闭进口阀门或用水口阀门时，水流停止，隔膜板两侧压力差消失，燃气阀门在弹簧作用下复位关闭，燃烧停止。

为更直观地理解燃气热水器水气联动的工作原理，可仔细研读图 5-13 所示压差盘式水气联动装置的结构原理。

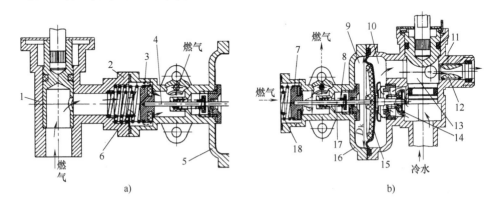

图 5-13　压差盘式水气联动装置的结构原理

a）气阀门与水气联动阀连接　b）水气联动阀与水量调节阀连接

1—燃气流量阀　2—燃气阀体　3—燃气阀密封块　4、17—撑杆　5、16—压盖盘　6、18—密封弹簧
7—燃气阀　8—复位弹簧　9—低压腔　10—高压腔　11—低压取样点　12—文丘里管
13—水量调节阀　14—节流块　15—分隔膜片

2. 自然排气式（烟道式）燃气热水器

自然排气式燃气热水器是在直排式燃气热水器的基础上，在上部安装了集烟罩和排烟口，并通过排气管在自然抽吸力下将烟气排到室外的机型。因此，自然排气式燃气热水器的安全系数较直排式燃气热水器有所提高。图5-14a 所示为自然排气式燃气热水器的基本结构。

排气管的安装要求非常规范，否则达不到需要的自然抽吸力的作用。图5-14b 是自然排气式燃气热水器的排气系统安装示意图。

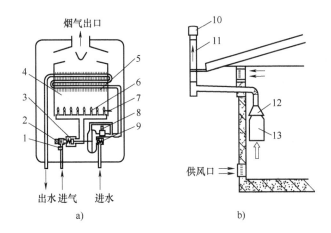

图5-14 自然排气式（烟道式）燃气热水器的基本结构及排气系统

a）基本结构 b）排气系统

1—气量调节阀 2—电磁阀 3—水气联动阀 4—燃烧室 5—热交换器 6—燃烧器
7—点火针 8—水量调节阀 9—水量稳定阀 10—风帽 11—排气管
12—防倒风排气罩 13—热水器

3. 强制排气式（强排式）燃气热水器

强排式燃气热水器是燃烧时所需空气取自室内，在风机作用下通过排气管强制将烟气排出到室外的机型。因此，强制排气式相较于自然排气式，较大的差别在于内部带有风机和与之配搭的控制器。由于风机的存在，消耗的电功率一般为20~40W，这就需要用到交流电，因此机器上多了一条外接电源线（个别机型电源线还带有漏电保护开关）。在强制排气式机型中，采用抽排方式排烟的称为强抽式，采用鼓风方式送风的称为强鼓式。此外，还有根据风机安装位置进行命名的，例如风机安装在热交换器上部的通常称为上抽式，风机安装在燃烧器的进风口处进行鼓风的通常称为下鼓式。同理，行业上风机的名称也根据使用方式和自身特性来命名，例如在一些地方标准中，将风机按抽风方式划分为抽风式风机和鼓风式机两种（见图5-15），也可按电动机电源的驱动方式划分为直流风机和交流风机两种。

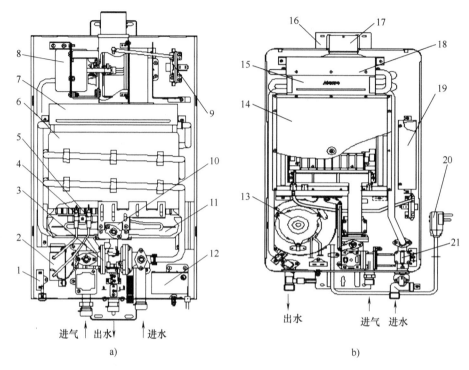

图 5-15 强制排气式燃气热水器的结构

a) 强抽式 b) 强鼓式

1—电容 2—脉冲器 3、21—水气联动阀 4—点火针 5—反馈针 6、15—热交换器 7、18—集烟罩
8—电动机 9—风压开关 10—方管 11—燃烧器 12—电源控制器 13—风机总成 14—密闭燃烧室
16—挂板 17—排气口 19—电气控制盒 20—漏电保护装置

4. 自然给排气式（平衡式）燃气热水器

自然给排气式燃气热水器是将给排气管接至室外，利用自然抽力进行室外空气供给和将烟气排至室外的机型。自然给排气式热水器的安装方式如图 5-16a 所示。

自然给排气式热水器内部没有风机，内部结构和自然排气式燃气热水器较为接近，但因集烟罩、排气管和机身的不同。自然排气式的集烟罩在热水器内部带有防倒风侧风口，自然给排气式的集烟罩与热交换器、排气管的排气通道封闭相通，构成密闭的排气通道。自然排气式排气管是单通道，自然给排气式的排气管则是采用同轴或方形同心的双通道，外管送风内管排气。自然排气式燃气热水器机身为带有进风口的敞开式，自然给排气式则为封闭式机身。

5. 强制给排气式燃气热水器

强制给排气式燃气热水器是将给排气管接至室外，利用风机强制进行室外空气供给和将烟气排至室外的机型。强制给排式燃气热水器的安装方式如图 5-16b 所示。

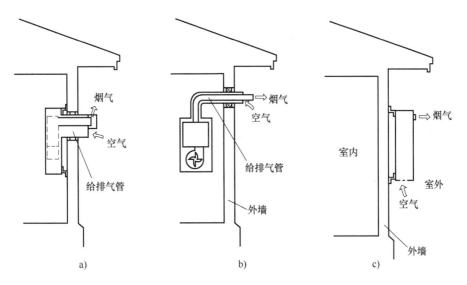

图 5-16　自然给排气式、强制排气式及室外型燃气热水器的安装比较示意图
a）自然给排气式　b）强制排气式　c）室外型

从定义更易理解到，强制给排气式与自然给排气式只有一个差异，自然给排气式没有风机，强制给排气式带有风机。图 5-17 所示为带比例调节的恒温型鼓风式的强制给排式恒温燃气热水器的结构。

6. 冷凝式燃气热水器

冷凝式燃气热水器是一种高效节能环保型燃气热水器，其结构如图 5-18 所示。

冷凝式燃气热水器较普通燃气热水器多一个冷凝换热器，用来收集一次换热后烟气的潜热。冷凝水呈酸性具有腐蚀作用，经收集器收集处理后再经冷凝水出口排走。

7. 室外型燃气热水器

室外型燃气热水器是只能安装在室外的机型，其结构如图 5-19 所示。

不难看出，室外型燃气热水器的主要内部结构与普通燃气热水器的结构是相差不大的，主要是针对室外环境的需要强化如何设计，主要包括防风式烟罩设计、整体密封式单向通道设计、线控或遥控操作设计、防冻设计等。

四、技能操作

1. 利用燃气热水器进水端前置阀和出水端后置阀对燃气热水器的水流量进行调试

燃气热水器在水量、气量不匹配时，会出现燃气热水器超调状态。如果水量

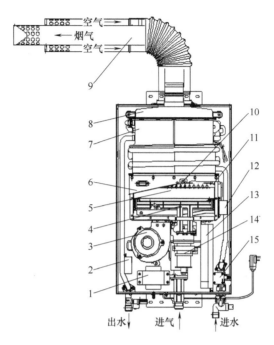

图 5-17 强制给排式恒温燃气热水器的结构

1—变压器 2—电源板 3—风机 4—方管 5—燃烧器 6—密闭燃烧室
7—热交换器 8—集烟罩 9—套筒式给排气管 10—反馈针 11—点火针
12—脉冲器 13—主控制器 14—比例阀 15—涡轮式水阀

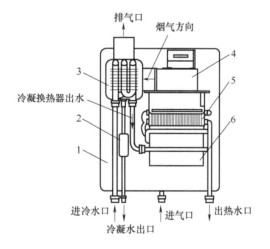

图 5-18 冷凝式燃气热水器的结构

1—热水器本体 2—冷凝水处理装置 3—冷凝换热器
4—风机 5—显热交换器 6—水箱

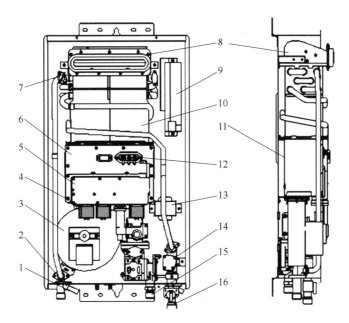

图 5-19　室外型燃气热水器的结构

1—泄压阀　2—出水接头　3—风机　4—电磁阀　5—方管垫板　6—方管
7—温控器　8—排烟罩　9—主控制器　10—换热器　11—燃烧室
12—点火针与反馈针　13—变压器　14—水阀　15—进气接头　16—进水接头

太大至超出气阀所能适应的调节范围，就需要能过外部节流的方法来升温。对不同的机型，外部节流的方法所生产的效果和作用是不同的，具体如下：

1）对三阀机型，只能起到超调升温的作用。当调节水量旋钮到最小值，调节气量旋钮最大值，如果还不能达到满意的水温，则通过前置阀或后置阀来调节水温。

2）对恒温机型，由于具有恒温功能，通过前后置阀既可以实现如同三阀机型超调状态下的升温，又可以起到恒温机型独有的恒温节水的作用，但节水作用的大小决定于燃气比例阀的调节比。

2. 检查燃气热水器各功能旋钮或按键工作是否正常，调节控制燃气热水器出水温度和水量

1）调节操作必须在水、电、气都齐备的情况下进行。

2）打开进水阀、出水阀和进气阀。开启燃气热水器，待燃气热水器正式点火燃烧并且工况稳定后进行各项功能的调试。

3）对于机械式燃气热水器，调节进气旋钮、冬夏旋钮、水量旋钮，感受水温变化是否正常。

4）对于恒温式燃气热水器，调节高、中、低出水温度，用手感受水温变化以及显示屏温度是否与实际相符，测试各项功能是否常。

5）调节燃气热水器的进水量，感受水温变化。

如果以上各项功能正常，则关闭出水阀进气阀和进水阀，交付用户使用。

3. 现场向用户介绍燃气热水器安全装置和控制装置的使用方法

1）在水、电、气都齐备的情况下，开启燃气热水器，进行安全装置和控制装置使用方法的演示与讲解。

2）向用户介绍本机器所带的安全装置种类和名称并简单描述各安全装置的作用。

3）向用户介绍日常使用时可以操作的安全装置。

4）对日常使用需要操作的安全装置，讲解并演示操作方法与注意事项，如：排水防冻操作，漏电保护插头复位操作等。

5）讲解完毕，对常用的关键操作（如寒冷地区排水防冻操作，漏电保护器跳闸复位操作），可请用户现场进行操作和尝试。

复习思考题

1. 燃气热水器对安装位置有什么要求？
2. 若燃气热水器安装位置选择不当，将存在哪些安全隐患？
3. 燃气热水器的安装位置与气源主管道、燃气表的最小水平净距是多少？
4. 燃气热水器安装的调试项目有哪些？
5. 安装不同类型的排气管道，有哪些具体规定？
6. 冷凝式燃气热水器安装的特殊要求有哪些？
7. 燃气热水器有哪些安全保护装置？
8. 燃气热水器安装前、后哪些项目要检查？为什么？
9. 怎样利用 U 形压力计检测燃气压力？
10. 怎样检测水路密封的可靠性？

参 考 文 献

［1］中国五金制品协会. 家用燃气快速热水器：GB 6932—2015［S］. 北京：中国标准出版社，2015.

［2］中华人民共和国住房和城乡建设部. 城镇燃气分类和基本特性：GB/T 13611—2018［S］. 北京：中国标准出版社，2018.

［3］中华人民共和国住房和城乡建设部. 燃气燃烧器具安全技术条件：GB 16914—2012［S］. 北京：中国标准出版社，2013.

［4］中华人民共和国住房和城乡建设部. 家用燃气燃烧器具安全管理规则：GB 17905—2008［S］. 北京：中国标准出版社，2009.

［5］中华人民共和国建设部. 城镇燃气设计规范：GB 50028—2006［S］. 北京：中国建筑工业出版社，2006.

［6］中华人民共和国住房和城乡建设部. 住宅设计规范：GB 50096—2011［S］. 北京：中国计划出版社，2012.

［7］中华人民共和国住房和城乡建设部. 城镇燃气室内工程施工与质量验收规范：CJJ 94—2009［S］. 北京：中国建筑工业出版社，2009.

［8］中华人民共和国住房和城乡建设部. 家用燃气燃烧器具安装及验收规程：CJJ 12—2013［S］. 北京：中国建筑工业出版社，2014.

读者信息反馈表

感谢您购买《燃气具安装维修工（初级）》一书。为了更好地为您服务，有针对性地为您提供图书信息，方便您选购合适图书，我们希望了解您的需求和对我们图书的意见和建议，愿这小小的表格为我们架起一座沟通的桥梁。

姓　名		所在单位名称		
性　别		所从事工作（或专业）		
通信地址			邮　编	
办公电话		移动电话		
E-mail				

1. 您选择图书时主要考虑的因素（在相应项前画✓）
（　　）出版社（　　）内容（　　）价格（　　）封面设计（　　）其他
2. 您选择我们图书的途径（在相应项前画✓）
（　　）书目（　　）书店（　　）网站（　　）朋友推介（　　）其他

希望我们与您经常保持联系的方式：
□ 电子邮件信息　　□ 定期邮寄书目
□ 通过编辑联络　　□ 定期电话咨询

您关注（或需要）哪些类图书和教材：

您对我社图书出版有哪些意见和建议（可从内容、质量、设计、需求等方面谈）：

您今后是否准备出版相应的教材、图书或专著（请写出出版的专业方向、准备出版的时间、出版社的选择等）：

非常感谢您能抽出宝贵的时间完成这张调查表的填写并回寄给我们，我们愿以真诚的服务回报您对机械工业出版社技能教育分社的关心和支持。

请联系我们——
地址　北京市西城区百万庄大街 22 号　机械工业出版社技能教育分社
邮编　100037
社长电话　（010）88379711，88379080；68329397（带传真）
E-mail　jnfs@ mail. machineinfo. gov. cn
机械工业出版社网址：http://www.cmpbook.com
教材网网址：http://www.cmpedu.com